大来雄二・桝本晃章・唐木英明・
平川秀幸・山口彰・城山英明・島薗進──著
電気学会倫理委員会──編

鋼鉄と電子の塔

Communication and Decision-making in the era of Trans-Science

いかにして
科学技術を語り、
科学技術と
ともに歩むか

森北出版

全地は同じ発音、同じ言葉であった。

――創世記　十一章一節

目　次

第2部　言語の混乱——コミュニケーションとは何かを考える

はじめに

本書の主人公は科学技術である。

エッと思った方がいらっしゃるだろう。じつはこの本に込めた願いは、私たちの社会にとって、科学技術が主人公であってよいだろうか、それを皆で考えましょうとの点にある。

もちろん、科学技術あるいは科学と技術自体を深く掘り下げる著作はあってよい。というか、それはなくてはならない。それがなくては科学技術自体がブラックボックスになってしまう。ブラックボックスは社会に想定外の害悪をもたらしかねない。

冒頭の一文を書き直そう。私たちの社会にとって、その存在が大きなものになった、そして加速度的にその大きさを増しつつある科学技術は、私たちにとって何なのか、もしかすると科学技術が主人で私たちはその従者になりかねない分岐点に、いまいるのではないか、それをこの本を通して考えてみたい。科学技術の主人は私たち人間である。では主人にふさわしい振る舞いとは、巨大で複雑さを増す科学技術を目の前にしたとき、どのようなものか、それを考えてみたい。

それを考えるために、本書は6人の碩学に執筆をお願いした。

科学技術と私たちの接点は多様である。6人の共同執筆者の方々はそのさまざまな接点におられる。接点には、科学技術の果実を社会に実装する企業もある。安全な食品の科学もある。専門家と一般人、専門家どうしのコミュニケーションや合意形成についての研究もある。原子力のような工学技術と社会の関連性についての研究もある。社会における科学技術をどのようにガバナンスするべきなのかとの研究もある。科学技術が人間にとって、そもそもどのようなものなのか、どのようにあるべきなのかという人文学的研究もある。

導入部的な1章に続けて、6人の碩学の方にご自身のご専門の視点から、現代社会と科学技術の関係性、そしてそれに伴うコミュニケーションと意思決定の問題についてご執筆いただいた。そのうえで皆さんに一堂に会していただいて、三つのテーマについての座談をお願いした。そのテーマは（1）原子力発電の過去・現在・未来、（2）未知の脅威にどう備えるか、（3）無関心問題、である。

この本を企画したのは、電気学会という工学の一分野を担う専門家集団である。電気工学の視点で現代史を見れば、19世紀の終わりも近づいた頃から以降、電気は社会を変えた。一言でいえば「電化」である。産業を変え、家庭を変え、業務を変えた。21世紀を迎えるにあたって、米国の工学アカデミーは20世紀のイノベーションを振り返って20の事例を挙げ、そのトップに「電化」を置いた。

この本では21世紀のことを考えたい。21世紀から22世紀に移る頃、「電化」に対応する言葉として、私たちはどんな言葉を望んでいるのだろうか。21世紀に変化をもたらしたさまざまな言葉のうちのトップにどのような言葉を置きたいのだろうか。それは「電化」とか「石油化学」といった工学的言葉より、「平等」とか「平和」といった言葉になるのかもしれない。

日本の立ち位置を少し見てみよう。日本には世界人口の1.7％の人が住み、世界のエネルギー（一次エネルギー）の3.4％を使っている。一人あたりで、世界平均の2倍である。温帯という住みやすい地域にいるのだから、世界平均程度の使用量がふさわしいのかもしれない。では世界平均は21世紀末にどのようになっていてほしいのか。いまが貧しいからもっと増えればよいのか。いまのレベルがすでに高いのか。一人あたりではなく世界の総人口で見ればどうなるのか。

こういった問題に立ち向かうとき、科学技術は大いに役立つだろう。しかしここで重要なのは、役立てるのは私たち人間ということである。役立て方を科学技術は考えない。考えるのは人間である。本書にはその答えはない。しかし自分で考えるためのヒントは山のようにある。楽しんでいただきたい。

大来雄二

第1部

シンアルの地

——社会にとっての科学技術を理解する

1章　不可避的に深まる科学技術と社会の関係

大来雄二

私たちの社会は科学技術に支えられている、とよくいわれる。実際、科学技術から生み出される知・財・サービスは、これまで社会に、そこに暮らす人々に、大きな影響を与えてきた。技術は有史以来存在してきたが、その影響は18世紀後半からの産業革命以降、科学の知見の急拡大とともに大きくなり、いまもその傾向は継続している。しかも昨今、その傾向に質的に注目するべき変化が顕在化しつつある。それは、科学的、技術的な営みの結果生み出されるテクノロジーが、人間によって制御しきれないものになりつつあることである。本書は、そういった状況を背景として、21世紀の科学技術と社会の関係はいかにあるべきか、という問いを、コミュニケーションと意思決定の視点から提示する。ここでは序章として、社会にとっての科学技術を概観するとともに、コミュニケーションと意思決定が果たす役割について考える。

1　科学技術が社会に受け入れられるには

(1)「専門家」と「一般人」

人間社会は、専門家と、非専門家によって構成されている。「専門家」というのは簡単にいうと、「その分野に精通している人」である。すなわち、その分野の美点も欠点も承知している。科学技術の専門家であれば、現在の科学技術で可能なことと不可能なこと、ベネフィットとリスクなど、プラスとマイナスの両側面を知っている。しかし、非専門家は必ずしもそうではない。ここに、専門家と非専門家のすれ違いが生じる。このすれ違いは、しばしば科学技術に対する誤解を招いている。たとえば、人工知能（ＡＩ）を考えてみよう。ほとんどすべての専門家は、近いうちに人間のような創造的思考が可能になるとは考えていないであろう。現在のあるいは近い将来のＡＩを、海に浮かぶ氷山にたとえてみよう（図１）。ＡＩ専門家は氷山の全体が見えている。現在のＡＩが目的に応じて確率・統計と脳科学の知見を有効に活かしたものであり、したがって囲碁や将棋のトップ棋士に勝てる能力をもっていても、それは人間の創造的思考や気まぐれとは質的に異なるものであることを理解している。つまり、氷山を理解していることで、その大きさや危険性を正しく認識できる。しかし、非専門家は海面の上の氷山が見えるだけである。さらには、いわゆる自称専門家やジャーナリズム、そしてインターネット上を駆け巡るフェイクニュースは、近い将来ＡＩが多くの人間を凌駕していくかのようなメッセージを時にふりまく。そのメッセージを目にし、耳にする非専門家は、自分の居場所がなくなってしまう不安感をもつ。

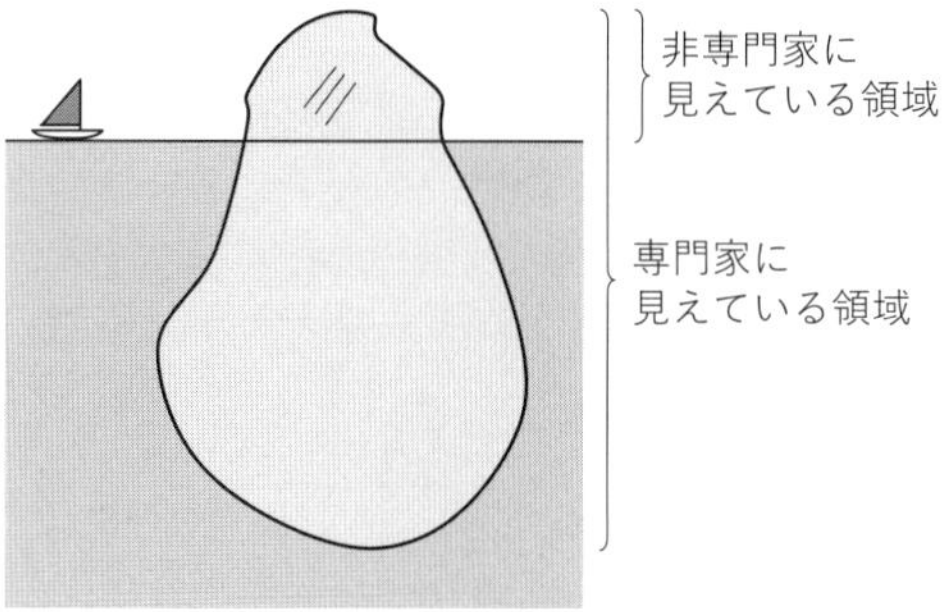

図１　氷山

一口に科学技術といっても、その範囲は多岐にわたる。ある分野に属する人はその分野の専門家であるが、その他の分野については非専門家である。これらの非専門家を「一般人」とよぶことにしよう。科学技術が高度になるほど、より多くの知識が求められるようになり、専門家として精通する範囲は限定的になっていく。すなわち、科学技術が発展した現代社会は、ほとんど一般人ばかりで構成されているといってよい。このような社会で、誤解による軋轢を生むことなく、科学技術が受け入れられるには、どのようにすればよいのだろうか。

一昔前は、科学技術が社会に及ぼす影響の検討を、知見をもつ専門家が行い、一般人に説明することで、科学技術が社会に受け入れられるようにすればよい、という考え方があった。これを欠如モデルという。しかし、説明することだけでは、科学技術に内在する課題は解決しない。いまでは、専門家だけに任せることなく、一般人も参加する場で検討するべきという考え方が主流となっている。これにはいくつかの理由がある。

(2)　科学技術と価値観の多様性

まず、科学技術が多様であり、その社会に与える影響も多様であることが挙げられる。また、影響を受ける側も多様である。影響の受け方、受ける側が多様であるということは、そこに多様な価値観があるということである。円筒形のものを横から見れば、四角に見える。上から見れば円に見える（図２）。すなわち、科学技術がある一つの真実を示しているとしても、その真実のもつ意味は、受け手によって異なるということ

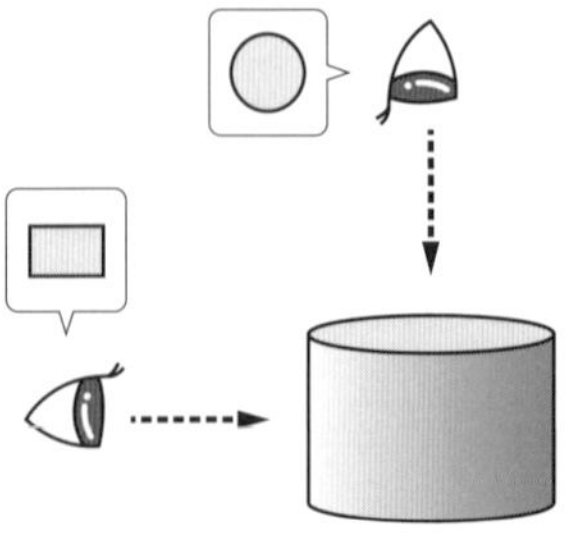

図２　円筒

とである。昔、ある火力発電所に4本の煙突が立っていた。その煙突は見る角度によっては、4本にも3本にも2本にも1本にも見え、お化け煙突とよばれて親しまれた。理由がわかっていたからこそ、それは楽しい景色ではあったが、視角の違いを認識していなければ、まさに不可解な、受け入れがたい光景となるだろう。

読者は本書の次章以下で、その具体的な事例を数多く目にすることになろう。また、科学的根拠が薄弱もしくはないにもにもかかわらず、時に政治が不可解な政策をとり、ジャーナリズムがあるいはネット上のフェイクニュースが、風評被害を招くような情報を発信している例も目にすることになろう。

2　テクノロジーの進化と不確実性

(1)　専門家のもつ知見とその確かさの限界

科学技術が高度になれば専門が分化し、専門家のもつ知見が限られてくる。しかも、その知見の確かさが限定的であるとの問題もある。携帯電話・スマートフォンの技術開発、事業化にかかわる技術者や経営者は、当初はそれが振り込め詐欺の絶好のツールになろうことは、想定しなかったであろう。

新しいテクノロジーが出現したとき、社会はそれに対する免疫をもたない。したがってそれは社会実験の性格をもたざるを得ない。だとするならば、技術者や経営者は、新しいテクノロジーに対する社会からのフィードバックに注意しながら、漸進的に社会実装を図るべきとの考え方もある。しかし、テクノロジーの変化がつねに漸進的であるとは限らない。むしろ、社会の発展を促してきたものの多くは革新的である。企業を成長させ、国家をも成長させる原動力の一つが、非連続的なイノベーションであり、それを避けるべきでないことは、ある意味自明といってもよいのではないだろうか。

テクノロジーの変化が漸進的であれば、社会に及ぼす変化も漸進的であり、不確実性は小さなものになる。しかし革新的だと、社会に及ぼす影響の不確かさが拡大する。そのような中で、誰がどのように意思決定し、行動するべきかとの問題がある。これは科学技術に対するガバナンスの問題といってよい。

(2)　情報伝達とエンゲージメント

こうして、専門家と一般人（他分野の専門家を含む）の関係はいかにあるべきかが重要になる。ここで現出している問題は、単にわかっている者がわかっていない者に説明すればそれで済むという問題ではない。いわゆるリテラシーの向上では解決しない。専門家と一般人の間の、対話（コミュニケーション）でも解決できない問題もあり得よう。それこそ、その新しいテクノロジーがなぜこれからの社会にとって必要なのか、本当に必要なのかといった問題を含む多様な課題について、専門家と一般人が共通の土俵に立って、課題解決のために協同作業することが必要になろう。

その協同作業のことを、ここではエンゲージメントとよびたい。エンゲージメントのためには、専門家、一般人を問わず、ある専門分野についての理解が、あるいは理解がかなわないまでも、何らかの形の関心や共感、信頼感が必要になる。氷山がどのようなものであるかを伝える努力と、氷山について関心をもち、つき合う努力が必要になる。その努力は、時には私たちはどんな世界に住むことを望んでいるのだろうか、という課題にも向けられることになろう。

3　科学技術と社会の関係はいかにあるべきか

(1)　科学技術の影響力拡大とその質的変容

科学技術が私たちの社会に与える影響力が拡大してきたこと、これからも拡大するであろうことは、誰しもが認めることではないか。昔は手紙だったものが、通信線でつないだ電報・電話になり、無線の携帯電話になり、インターネットになった。コンピュータが扱えるものも、初めは文字だけだった。半導体が高速、大容量化し、データ伝送速度が飛躍的に高まるにつれ、文字に加えて音声が、それに加えて画像が、さらには映像を処理し、送ることが可能になった。1980年頃の伝送速度を1とするならば、現在はその100万倍の速度での伝送が可能になっている。送れる情報量は加速度的に増大し、単位あたりの情報伝達コストは加速度的に安くなっている。この経済的メリットを享受することで、社会はその変化を受容してきた。

しかし、今後もこの進歩を無条件で受容するわけにはいかないことは、世界保健機関がゲーム依存症を疾病と認定した一例を見るまでもなく明らかである。現状を、影響力の拡大スピードが上がり、質的変容がより激しくなっていると認識するならば、科学技術と向き合う人は、専門家、一般人を問わず、顕在化している課題の解決と、まだ顕在化していない課題の把握に、一層の努力をする必要がある。科学的、技術的な営みの結果生み出されるテクノロジーが、人間によって制御しきれないものになりつつあると考えるべきではないか。

(2) 次の世代へと引き継ぐために

私たちは、私たちが住む社会を、そしてその社会の礎となる地球環境を、親たちから引き継ぎ、子たちに引き継いでいく。人々が善く生きるためには、そして次の世代に善い社会を引き継いでいくためには、現状を制御しきれないものと放置してはならない。そのためには、何をどのように考え、どのように行動していけばよいのか、それを考えてみたい。そこには、もとより二次方程式の解の公式のような、一義的な解は存在しない。同じ課題についても多様な考え方が提示される。一つの事実についても、多様な価値観が存立し得る。多様な価値観の存立を認め、高次元の合意形成を目指し、そして意思決定を目指していくのが、現代社会である。

第2章以降では、6人の専門家から、科学技術にかかわる共通の主題――それはたとえば安心・安全とリスクであり、認知バイアスであり、コミュニケーションと合意形成あるいは意思決定といった主題である――について、それぞれの専門分野からのアプローチが示される。ここには、筆者自身の知見のみならず、先人たちの卓越した智の蓄積や、国際的な合意に基づいた考え方も活かされている。それぞれの筆者が、これらの主題をどのような文脈でどのように論じているかを、読者自身の頭の中で紡ぎ合わせながら、そして自身が関心をもつイシューにそれを投影しながら、読み進めてもらいたい。それは読者が自ら考え、行動するためのよりどころを提供するものとなろう。

第2部

言語の混乱

――コミュニケーションとは何かを考える

2章 科学技術の恩恵は見えているか：電気の〝空気化〟がもたらしたもの

桝本晃章

1924年、英国ロンドンで、「世界動力会議（WPC：The World Power Conference）」が創立された。世界40カ国の電気、石炭、石油、そして、電気機器などの学者を含めた専門家と企業家たちが寄り集まってつくられたものだ。エネルギーの生産から利用までの関係者の集うユニークな国際機関の誕生である。創立されたWPCは、〝Power＝動力〟という言葉が使われているところに、特徴がある。

電気は、位置エネルギーを利用する水力、そして、石炭・石油・天然ガスなどの一次エネルギーを燃焼・変換して生み出す二次エネルギーである。原子核分裂の力も利用する。利用面では、動力、光、温熱・冷熱、信号・通信などを生み出す。蓄電をすれば、大型小型の自動車ですら電気で動く。電気エネルギーを生み出すのも科学技術だし、その利用により生み出される〝効用・便益〟も科学技術の産物である。電気エネルギーは、まさしく、科学技術の成果物といえる。

WPC設立は、第一次世界大戦終戦後、1939年に第二次世界大戦が勃発するまでの、つかの間の平和の時の出来事であった。これは、当時の人たちが希求していた平和で豊かな社会と、科学技術のかかわりを示唆するものとして象徴的に思える。このWPCは、いまでは世界約100カ国を会員とする世界エネルギー会議（World Energy Council）となり、英国ロンドンに本部を置き続け、活動している。

それから、約100年後の現在、世界の総人口77億人のうち、いまだ電気供給の恩恵に浴していない人たちがおよそ8億人もいる。その大半は、貧困や紛争に苦しむ国・地域の人々である。国連の持続的開発可能目標（ＳＤＧｓ）には、貧困、飢饉、健康・福祉、教育などの問題が解消すべき上位目標とされている。これらの目標達成に必要欠くべからざるものは、〝きれいな水〟と、〝いつでも安定して使える電気〟にほかならない。このことは、最近のベネズエラや南アフリカなどで、大規模停電が近代的生活を根元から壊しているのを知れば、痛いほどよくわかる。しかし、この半世紀あまり、日本において、これらのありがたみを日常的に実感することはまずなかったし、いまもない。蛇口をひねって水が出るたびに、スイッチを入れて電気がつくたびに、そのつど感激する人はいない。それが常態だし、電気も水道からの水も、もはやあって当たり前なのだ。このように、科学技術が発達し、成果物が普及して日常生活においてごく当たり前の存在となると、利用しても何の思いも、考えも湧かなくなる。それはそれで当然だし、良いことでもあろう。しかし、それによって生じてくる課題もある。その代表が科学技術と社会のかかわり、とくにその両者をつなぐコミュニケーションの希薄化である。

本章では、科学技術の代表的成果物である電気を介して、科学技術と社会とのかかわりの変化とコミュニケーションの問題について、とくに原子力発電を中心に考えてみたい。

1　電気はどのように社会に浸透してきたか——その変遷

(1)　20世紀の幕開け：電気の登場

電気供給事業は、19世紀後半の米国で、エジソンとテスラが競い合うことで誕生した。それから10数年後の1893（明治26）年、米国・イリノイ州シカゴで、コロンブスのアメリカ大陸発見

400周年を記念して万国博覧会（万博）が開催された。シカゴ・コロンブス万博である。新しい技術の時代的象徴として、〝電気の利用〟がそのメインテーマだった。その次々回の万博は、1900年にフランス・パリで、パリ開催5回目の万博として開かれた。メインテーマは、やはり〝電気の利用〟だった。前回のパリ万博の際に建てられたエッフェル塔に、斜めのエレベータともいうべきエスカレーターが設置された。また、当時最大の100mの大観覧車がつくられたりした。エッフェル塔の脚柱からロンドン橋までの3kmに、スリー・スピードの〝動く歩道〟が設けられ、大変な人気を博した（この動く歩道の様子は、いまでもYouTubeで見ることができる）。大会は成功を収め、人口330万人のパリに5000万人の来場者があったという。さらに、ピカソの《ゲルニカ》が展示されて世界に名を馳せた1937年のパリ万博（パリ開催7回目）でも、電気は主要テーマの一つだった。現在、パリ近代美術館に常設展示されている横60m、縦10mの大壁画：ラウル・デュフイの《電気の精》が〝電気館〟に展示され、評判をよんだのだった。

くどく紹介したが、このように、20世紀は電気の時代として始まった。日本では、1886（明治19）年に、東京電灯株式会社が開業した。明治政府の欧化政策の下に建設された鹿鳴館（現在は、帝国ホテル隣の日比谷U－1ビルがその跡地にある）で、国賓や海外の外交官接待が繰り返された。夜ごと開催される舞踏会は、設立直後の東京電灯が、ワンセットでもち込んだ電気供給システムによって煌々と照らし出された。産業面でも殖産興業政策がとられ、1888（明治21）年、宮城紡績所の紡績機が自家用の水力発電所（三居沢《さんきょざわ》発電所）の電気で稼働している。1891（明治24）年には、日本最初の水力発電所として蹴上《けあげ》発電所が商業運転を開始した。明治政府の最初の公共事業として開発された安積疏水でも、1899（明治32）年に水力発電所が建設され、その電力は製糸工場に送られ使われた。日本でも、近代化が電気とともに始まったのだ。

(2) 〝空気〟になった電気

21世紀の現在、日本では、電気供給のない地域はない。電気は、〝空気〟と同様、あって当たり前になっている。毎月の電気の検針も、最近は自動化が進められている。地域にもよるが、検針員が検針をしていても、住宅に住む家人が顔を合わせることはまずない。集金も、銀行などの口座から自動引き落としで行われている。電力会社の職員も、電気の利用者つまり消費者の顔を見たり、言葉を交わしたりすることはまずない。こうした事情は、米国でも同様のようだ。ピューリッツア賞を受賞したエネルギー専門家ダニエル・ヤーギンも、2011年に著わした大著『探求』で、自動車はガソリン給油の際に燃料のことを思ったりするが、電気はまったくそうではないと述べている[2]。太陽光発電パネルを屋根などに設置している一部の人たちを別にして、コンセントの向こう側にある発電所や送電線などについて関心をもつ人は、きわめて少ない。しかしじつは、コンセントの向こう側には、電気供給に励む電力マンや関連企業の人たちがいる。それこそ嵐の日にも大雪の日にも、日夜を問わず、である。原子力発電所には、燃料として、中東やオーストラリアなどから天然ガスや石炭が輸送されてきている。発電所の核燃料のウランは、オーストラリアやカナダ産だ。こんなことを知る人は少ない。

この〝電気の空気化〟がもたらす影響は大きく、意味が深い。それは、科学技術の代表的成果物である電気の〝便益〟が意識されなくなっているということを意味する。この電気の〝空気化〟は、いまに始まったことではない。数十年をかけて、深く静かに進んだ。その原因は、一般社会側にも、電気を送る側にもある。時代とともに、社会が変化し、電力会社も変化した。電力会社側についていえば、事業経営の近代化、効率化を進める中で、結果的に電気の空気化を招くことになった。後述するが、電力の自由化・規制緩和も、また新たな電気の空気化をもたらしつつある。加えて、時代の潮流・デジタル化とＩＴ化が一層空気化を加速する。そして、こうしたことが、科学技術の成果物である電気に関するコミュニケーションに、改めて深い課題をもたらしているのである。

まず、この課題の大前提に触れておこう。

「電気供給には設備が必須である。」

すなわち、電力設備の設置・保守・維持のために、関係者とのコミュニケーションが欠かせない。電気は発電所で生産される。そして、変電所を介し、送電線と配電線などの〝流通設備〟を伝わって供給される。電気供給産業は、典型的な設備産業だ。将来、バッテリーの革命的進歩と普及が実現し、無線送電でも可能になれば、事情は変わるだろう。しかし、現在では、工場や大きな事業所など、ある程度以上の規模の電力需要への持続的（安定的で、経済的）供給は、物理的な設備をどこかに設置しない限りできない。また、電力供給設備は、経年とともに更新や補修が必要になる。だから、電気供給の維持には、設備を設置する土地の所有者や設備の近隣に住む人たちとのかかわりがどうしても欠かせない。この人たちの理解と協力なくして、電気供給は実現できないのだ。ちなみに、日本全国の電気流通主要設備の規模を見てみると、送電線の長さ（恒長）：８万７９２９ｋｍ、鉄塔：４４万６０００本、配電線：９５万ｋｍ、電柱：２３９３万本（その他通信用１１８５万本）である[2)]。なお、地球一周は約４万ｋｍ、地球と月までの距離は38万kmであるから、いかに大規模な設備であるかわかるだろう。

したがって、電気供給には、設備の設置者と、設置を認める土地の所有者や周辺地域の人たちとの〝コミュニケーション〟が重要になる。また、原子力発電所の場合には、万が一の事故時防災との関係で、安全・安心にかかわるコミュニケーションが不可欠となる。コミュニケーションなくして、電気供給ナシといっても過言ではない。

ところが、今日のように家電機器が多様になって広く行き渡り、電気が途絶えることなくいつでもあるようになると、消費者は、機器を駆動する電気のことなど思いもしない。電力マンも、消費者のことなど考えなくとも、電気の売り上げに支障はない。こうして空気化は、消費者側でも供給者側でも進む。それとともに、電力マンと消費者の関係に変化が生じてきたのだ。

(3)　電力会社と地域社会のかかわりの変質

第二次大戦終結から6、7年後のことだが、石原慎太郎・裕次郎兄弟が、母親に誕生日祝いとして電気洗濯機を贈ったことが、週刊誌のグラビアで紹介された。この頃の日本は、敗戦による廃墟から急速に復興しつつあった。人口も次第に増加し、マッチ箱と揶揄された住宅に住む新婚カップルが増えていた。1950（昭和25）年代後半には、白黒テレビ・電気洗濯機・電気冷蔵庫の〝三種の神器〟といわれた家電製品が普及し始めた。これら家電製品は、家事労働から女性を解放することに一役買い、社会活性化が加速された。これを一般の人々は歓迎した。電気の消費量も急速に伸び、電力会社をあわてさせた。

当時、検針員は、各家に設けられたメーターを毎月検針し、後日、集金員が各戸訪問をして集金をしていたが、やがて次第に変質した。電気の検針は委託化され、集金は口座振り込みとなっていった。いまでは、メーターは自動化されてきていて、消費者から見ると、毎月の検針はないに等しい。「こんにちは！電気屋です！」という声も、「集金に参りました。ありがとうございました！」という声もなくなった。

一般社会側でも大きな変化が進んだ。昭和３０年代中頃の所得倍増計画や、その後の日本列島改造計画もあり、日本の産業・経済が盛んになって高度成長が始まった。日本は豊かな社会へと一気に進み始め、それまで多かった平屋や低層の木造アパートは、次第に団地・マンションになり、電気のメーターを置く場所にすら困るようになっていった。さらに、超高層マンションに住まう人たちも増えてきた。特に都会では、隣近所のつき合いもほとんど見ないまでになった。こうした変化は、自ずと消費者と電力会社のかかわりに変質をもたらした。また、電力設備も良くなり、電力会社職員の日々の努力もあって、停電が圧倒的に少なくなった。皮肉なことに、こうした電気供給の品質向上が、結果的に電力マンと消費者とのかかわりを希薄化し、電気の空気化を加速した。

発電所にも変化が見られた。山奥にあった小さな設備も含め、水力発電所の建設はほぼ一巡し、高度経済成長期の電力をまかなったのは、主に、臨海工業開発地域に立地する火力発電所になった。山間部にあった水力発電所の多くは、遠隔操作の自動運転になっていった。火力発電所では、燃料が石炭から石油へ、さらには、天然ガスへと変わった。１９７０（昭和４５）年の大阪万博では、吹田市千里丘陵の会場に、日本海側に立地する関西電力・美浜原子力発電所の試運転電力が送られ、原子力発電時代の開幕を告げた。「原子の火灯る！」と歓迎された。

こうした歴史的推移を背景に、発電所と近隣立地地域の人たちとのかかわりも変質していった。臨海部にある火力発電所や原子力発電所では、発電所で働く人や仕事でかかわりをもつ人たちを別にして、立地地域全体としては、電力会社の人たちと一般の人たちの日常的なかかわりは希薄になっていった。電力会社は、電力設備などを模した展示物をＰＲ用に置いた〝展示館〟などをつくり、それを補うさまざまな努力も行われたが、かつての電気屋さんと消費者の関係のような、親しくさりげないコミュニケーションは見られなくなった。周辺地域の人たちの関心事も変わっていった。

2　電力会社が直面したコミュニケーション問題

(1)　公害問題

電化が進み、電気が当たり前のものとして〝空気化〟する過程で、電気供給者と利用者のかかわりが希薄化した。そうした状況下、高度経済成長期に電力マンがまず直面したのが、大気汚染などの公害問題である。

前述したところだが、昭和３０年代中頃から始まった高度経済成長は、全国総合開発計画、次いで新全国総合開発計画とうたわれた政策の下で、近海地先が埋め立てられ、臨海工業地域が造成された。重化学工業化が進み、電力消費量が2桁の伸び率で増加する中で必要とされたのが、火力発電所である。増え続ける電力需要は、それまで主力だった水力発電だけではまかないきれず、火力発電所建設が急ピッチで進められた。燃料も、国内の石炭から、海外からの輸入炭、そして、石油に代わっていった。当初、石油の多くは、硫黄分が多く、〝ハイサルファ（硫黄分高濃度）〟とよばれるものがほとんどだった。燃料を燃やした排煙には、窒素酸化物に加えて硫黄酸化物が含まれていた。電気の需要が大きくなるのに呼応するように、火力発電所が大きくなり、発電量も増えた。燃料消費量も増え、自ずと排煙も増えていった。経済成長は国民的コンセンサスであり、国是といってもよく、電気は必要とされた。もっとも、高度成長の後半期には、〝くたばれＧＮＰ〟などと題する新聞企画が連載されたりもした。

臨海工業地域には、鉄鋼工場や石油精製・石油化学工場などもあり、工場からの排煙は増えていった。それによる大気汚染が、立地地域の自然環境から、周辺に住む人たちの健康にまで悪影響を及ぼした。公害問題の発生である。これに対し、臨海工業地域と周辺に住む人たちから〝公害反対運動〟が起こった。労働組合や政党が競うように反対運動を主導し、〝発電を止めろ〟という要求も出た。大気汚染で健康被害を受けた人たちが、鉄鋼等の工場などを始めとして、電力会社にも押し寄せた。それまでも、石炭火力発電所の近隣では外に干した洗濯物が煤塵で黒くなり、電力会社は苦情を受けたりもしていた。しかし、この高度成長期の臨海工業地域での大気汚染は、過去を上回り、スケールがきわめて大きいものだった。発電所の税収で潤う地方自治体からも、いろいろな要請が出た。排煙の監視なども共同で行うようにもなった。それでも電気が必要であることに変わりはなく、発電を止めるわけにはいかなかった。粉塵・煤塵除去はすでに始まっていたが、ＳＯｘ、ＮＯｘ除去、燃料良質化などの対策には時間が必要だった。火力発電所の近隣に住む人々は、公害の直撃を受け続けた。

電力会社は、状況の改善と基本的対策について、住民への説明を繰り返した。じつは、この大気汚染問題については、電力側でも先行して対応をしようと相当に準備がなされていた。たとえば東京電力では、１９６２（昭和３７）年、専門家による排煙対策チームが結成されている。さらに、対策を進める社内組織をつくり、次第に充実させ具体的対策が講じられていった[3)]。ちなみに、政府が公害対策基本法を策定したのは1967（昭和42）年のことである。大気汚染対策の決め手として、良質な燃料の代表である天然ガス（LNG）の導入なども進められた。1969（昭和44）年11月、東京ガスと東京電力が共同でカナダから導入したLNG専用船が横浜に入港した。世界で初めて、LNGが火力発電燃料として使われ始めたのである。高価な天然ガスを発電に使うとはとんでもないと、他国から非難を受けたりもした。これ以降、日本は世界各地から天然ガスを導入し、いまでは世界最大のLNG輸入国になっている。

しかし、臨海工業地帯では深刻な状況が続いていた。〝公害訴訟〟も起こった。伸びる電力需要に対応するための火力発電所を必要とする電力会社は、住民に対して、懸命に〝事情の説明〟をした。住民説明会では、激しいやり取りが繰り返された。当時の状況を考えると、潜在する問題に気づく。それは、電気供給の〝光〟と〝影〟との間にある距離だ。便益を享受するのは、都市部など臨海部から離れた消費地での電気消費者が多い。排煙などによる大気汚染公害の影響を受けるのは、発電所のある臨海地域の人たちであった。便益を受ける人とリスクを背負う人たちの間に距離があるのだ。便益とリスクの距離的分離と並んで、時間差の問題も見える。便益が伴う〝影〟は、現実の出来事としては、遅れて発生することもある。誇張していえば、時に、世代をまたぐ問題でもある。いわゆる〝迷惑施設〟建設など、他分野でも同質の問題が見られることがある。この距離を埋めてきたのは、一般的には、関係者の〝公共〟や〝公益〟についての理解であり貢献だった。しかし、現実の公害による健康被害は、そうした概念を超えて、切実で深刻だった。

（２）石油ショックと電気料金値上げ

１９７３（昭和４８）年１０月６日、第四次中東戦争が起こった。ユダヤ教のもっとも神聖な日（ヨム・キプール）の出来事だった。６年前の第三次中東戦争でイスラエルに占領された地域を奪い返そうと、エジプト・シリア両軍が、スエズ運河周辺にいるイスラエル軍に攻撃を仕掛けたのだ。中東地域産油国の連合体ＯＡＰＥＣ（アラブ石油輸出国機構）が、米国を代表とする親イスラエルの国々には石油を輸出しないとする方針を宣言した。石油の公示価格の一方的大幅引き上げも決められ、１バレル２ドルだった国際石油価格が、６倍の１２～１３ドルに高騰した。この歴史的高騰は、第一次石油ショックといわれる。次いで１９７９（昭和５４）年には、イラン革命が起こり同国の政権が交代した。翌１９８０年には、石油価格は１バレル３５ドルを超えた。第二次石油ショックである。輸入石油にエネルギーのほとんどを頼る日本では、物価全般が連鎖的に高騰した。特に、石油を原材料とする産業への影響は深刻だった。第一次石油ショック当時の福田赳夫大蔵大臣は、〝狂乱物価〟と表現した。電気は、およそ７割が輸入石油を燃料とする石油火力発電だったので、一番に直撃を受けた。電気料金は上昇率５割を超える高騰をし、電気の塊といわれるアルミなどは、精錬工場が次々と廃業した。石油価格の急騰は、電力会社に壊滅的ショックを与えた。電気料金値上げをしなければ、会社が倒産するという状況にまで追い詰められた。伝えられているところでは、当時の東京電力会長で経済同友会代表も務めていた木川田一隆は、照明を消した会長室で、椅子に深く座ったまま、「１３年間の蓄積が一夜にして消えた。倒産する」とひとりつぶやいたという（それまでの電気料金は、１９６１（昭和３６）年に決められたものだった）。

石油ショックによる物価高騰は、景気を落ち込ませた。結果的に、二度に及ぶ電気料金の大幅値上げが実現するのだが、公害問題などで意識が高まった消費者団体は、一斉に反対の声を上げた。この〝値上げ反対運動〟は政治問題にもなり、電力会社の経営者が国会に呼ばれて説明をするという場面も見られた。ここでも電力会社は、公害問題にぶつかった際と同様か、それ以上の難問に直面した。というのも、電気料金の仕組み（総括原価方式）やその考え方自体が広く周知されていなかったからである。関係者は、公害反対運動のときと同様、電気料金値上げ反対運動に対しても、会社としての状況と改善への努力を伝えよう、何とか理解してもらおうと努力した。しかし、対外的にわかりやすく説明をすること自体難しく、〝説明が通じない〟という厳しい状況にぶつかったのである。

(3)　なぜ説明が通じないか：言葉の内部化と〝硬い殻〟

問題の根は深かった。前に触れたとおり、高度成長期の2桁で伸びる電気の消費に応じるため、火力発電所や送電線などの設備とネットワークの増強が進められた。設備の自動化、遠方制御化を進め、最新技術が駆使されて効率化が進んだ。新技術開発の取り組みも積極化した。コスト効果も考えられた。東電の場合だが、こうした経営効率化が実現されたがゆえに、10数年もの間（昭和36年〜49年）、伸びる需要に応えつつ、電気料金の安定的継続が維持された。それでよいと考えていた。

しかし、一方で、失ったものがあったのだ。公害問題と電気料金値上げ問題に直面して気づいたそれは、自分たちのコミュニケーション能力であった。相手の関心事や思いをつかみ、理解することに始まり、相手に届く言葉と考え方で説明をする。追及するべきは、〝説得〟ではなく、〝共感〟だ。こうしたことに思い至らなかった。この問題の根底にあったのが、消費者・一般社会との接触の希薄化であった。数十年をかけて進行していた、この一般社会とのかかわりの希薄化が、〝コミュニケーション能力の低下〟を招いていたのだった。眼と眼とを交わして意思を疎通することも状況によってはあり得る。しかし一般的には、コミュニケーションは、〝言葉〟による。電力会社では、用地・立地部門や渉外・総務広報部門を除いて、恒常的に一般消費者と接する機会がほとんどなくなっていた。外部とのコミュニケーションがなくとも、何の支障もなく仕事を進めることができたのである。その結果どうなったか。使う言葉が内部専門特化していった。社内用語が多用され、それでコミュニケーション上、何の問題も生じなかった。これは、言葉の〝サイロ・エフェクト〟、あるいは、同じ専門家だけが集う〝たこつぼ化〟にほかならない(どちらも、狭く閉じられたその形状に由来する)。これが何年も続くと、外部とのコミュニケーション能力は必然的に低下してしまう。

考えてみてほしい。たとえば、新人がある部門に配属になる。誰であっても、しばらくすると職場になじみ、「仕事とは、このようなものか」と思う。そして、それが身体に染みついていく。〝仕事ができるようになっていく〟のだ。こうなると、ひどいケースでは、自分たちの説明が通じないと、「わからない相手が悪い」と、思うところにまで達してしまう。消費者の思いや意見を考える必要もなければ、理解しようとすらできなくなるのだ。一般の人たちとの接触の希薄化は、極端にいえば、〝消費者〟への関心を薄れさせ、〝消費者の声を聴く〟ことの重要性も忘れさせてしまう。さらにこの問題が重いのは、そのこと自体に当事者が気づかないという点である。

原子力部門は、ほかの技術部門同様に専門分化している。あるいは、他部門以上に専門分化しているともいえる。これは、原子力技術の特性もあって、ある意味で無理もないところである。専門家どうしのコミュニケーションでは、専門用語や専門的概念が日常的に使われる。当然、何の支障もないし、そのほうが〝話が早い〟。しかし、一般社会でのコミュニケーションの場合には、まったく状況が異なる。たとえば、原子力発電所での小さなトラブルであっても、情報が一般社会に出たとたんに、問題が生じる。伝えられた情報について、一般の人たちの関心が強まり、時に、心配も高まる。トラブルの内容にもよるが、専門家の理解と一般の人たちの懸念との間には、まさに大きな落差が生まれる。この落差は、一般の人たちが理解していないなどという一言では片づけられるものではない。当然、専門家側に〝説明責任〟があるのだ。このことは、よく使われる用語も同様だ。〝深層防護〟という言葉は、原子力発電分野ではごく一般的であり、基礎的なものだ。しかし、一般にはまずなじみがない。〝遮蔽〟、〝被ばく〟など、原子力分野では初歩的な言葉の場合も同様である。大昔、原子力用語を変えようと主張した人がいたことを思い出す。福島第一原発の事故後、２０１２年から２０１４年まで東電の会長を務めた下河邉和彦氏も、会長就任後に多くの現場を視察した感想として、「東電の人の言葉はわかりにくい」といっている。

原子力発電所の不具合や事故などの説明の際には、できるだけ、正確・精緻な説明が必要になる。聞く側もそれを期待する。しかし、専門的なことを正確に伝えようとすると、どうしても専門用語や専門の概念を使って、その解説から始めることになる。これが悩ましく難しいところで、根底に横たわる問題なのだ。原子力発電の場合には、特に一般の人たちに理解してもらうのが大切となるが、その場合には、この〝専門用語〟と〝専門的概念〟が乗り越えなくてはいけない壁になる。もちろん、聞く側も繰り返し聞いているうちに説明者に近寄ってくるし、その逆もある。しかし一般的にいって、〝専門用語〟と〝専門的概念〟は、聞く側にとっては、〝硬い殻〟なのだ。つまり、きわめて消化しにくい。一般の人たちから見る原子力技術の〝硬い殻〟は、開発当初から一部の専門家は認識していた。米国において、原子力発電の〝社会的受容（ＰＡ：Public Acceptance）〟が課題として取り上げられていたのは、そうしたことが背景にあったのだろう。原子力関係者の専門用語が、一般的にはわかりにくいのは、日米で同じである。再度強調するが、専門用語や専門的理論は、コミュニケーションの際の〝硬い殻〟なのだ。こうした状況は、言葉を発する側、情報を出す側の大きな課題であり続けている。すなわち、〝硬い殻〟は、これまでずっと硬いままであったし、いまも残っているということである。

　この硬い殻があっても、長い間何とかやってくることができたのは、お互いの信頼関係があったからなのだ。多くの場合、一般の人たちは個人的関心事でもない限り、理解できなくても何の痛痒もない。説明や対話をすることの目的は、聞き手にわかってもらうことであって、ただ、話をする、言葉を発することではない。大切なのは、原子力発電を進める側が、一般の人たちにもっと近寄ることではないだろうか。

3　コミュニケーション不全に至る道――原子力発電に見る信頼喪失の経緯

　原子力発電技術は、最も〝コントロバーシャル（controversial）〟な科学技術の一つだろう。考え方の違いを含め、正論異論多々なのだ。人の生き方や価値観にまで及ぶ問題でもある。実際、この技術は、ほかの技術ではあまり見られないような〝反対運動〟に、世界各地でぶつかってきている。ゼロリスク要求もあり、それを伝え主張するメディアもある。いうまでもないことだが、運動の中には、政治的・思想的背景のあるものもある。そこには、前述した言葉の問題に留まらない、さらに根深いコミュニケーション問題が経緯として存在する。これを、歴史を追う形で見てみよう。

(1)　原子力発電の始まり：その時代的背景

1953（昭和28）年12月8日、米国のアイゼンハワー大統領がニューヨークの国連本部で開かれた「原子力の平和利用に関する国連総会」で、いわゆる〝アトムス・フォー・ピース（Atoms for Peace）〟宣言をした。原子力発電技術を中核とする原子力の平和利用技術を、世界各国に公開・提供するというものである。この演説が行われた1953年は、第二次大戦終戦後の米ソ対立の冷戦の時代であった。共産主義国ソ連を率いるスターリン首相は、横暴な軍事力で東ヨーロッパ諸国占領を進め、米国に追いつこうと核開発を急いでいた。この動きは、ナチス・ドイツを敗北に追いやってホッとしていた欧米連合国側にとって新たな脅威であった。一方アジアでは、1950（昭和25）年、朝鮮半島で動乱が起こっていた。こういった状況下で、米国は〝先手を取ることで、守ろうとした〟のである。つまり、広島・長崎に落とした原爆の技術（ウラン濃縮技術）を、平和の維持と対ソ連共産主義への対抗軸として活用し、自由主義連合国側の結束を固めようとした。世界規模で、原子力平和利用を、新しく創設する国際的機関（国際原子力機関（IAEA）：1957（昭和32）年創設・2020年現在加盟国193カ国）の監視下で進めようとする外交政策の始まりであった。ちなみに同じ年、欧州では、戦勝国・英仏を中核に敗戦国・西ドイツも含め6カ国を構成員として欧州原子力共同体（ユーラトム）

が結成されている。このユーラトム結成は、その後、石炭鉄鋼共同体（ＥＣＳＣ：１９５２年結成）、経済共同体（ＥＣＣ：１９５７年結成）とともに、現在の欧州連合（ＥＵ）誕生に行き着く。こうしたにわかな動きは、いかに共産党支配のスターリン率いるソ連の脅威が大きかったかを物語る。また、構成員の中に、当時の敗戦国・西ドイツが入っていることは、第二次大戦時の連合国、戦勝欧州諸国が、ドイツをいかに恐れていたかを物語る。ドイツをソ連側に追いやらず、西側の身内に引き留めて離さないという強い思いが込められているのである。

敗戦から8年後の日本は、アイゼンハワー大統領の提案に、〝いの一番〟で反応した。１９５１（昭和２６）年、日本はサンフランシスコ平和条約に調印し、翌１９５２（昭和２７）年には条約が発効していた。この際は、日本の地理的位置が重要だった。ソ連・中国の二大共産主義国の太平洋への出口に位置しているという日本列島の地理が、地政力学として働いたといえる。一方で、先に触れた朝鮮動乱の影響で、日本の産業は、予期せぬ好景気に見舞われた。電力消費量がうなぎのぼりで増加し、電気が不足した。日本の原子力発電開発は、こうした社会経済情勢を背景に幕を開けた。官民の関係者が、上述の情勢の下で、原子力発電開発を急いで進めようとした。そのすさまじいまでの思いは一体何だったのだろうか。考えて見ると、太平洋戦争開戦のきっかけの一つが、エネルギー問題にあったことに気づく。開戦前、日本のエネルギー供給の大半は、米国からの輸入石油だった。その石油が１９４１（昭和１６）年に禁輸となった。米国以外の供給源である東南アジアからの石油も同様だった。社会の血液であるエネルギー供給の途絶は、国家の死活にかかわる。太平洋戦争は、ほかにも大きな国内事情があったのだが、こうして引き金が引かれた。敗戦の8年後、生き残りの指導者層が〝技術でエネルギーを生み出す〟ことのできる原子力発電に大きな期待を抱いたであろうことは容易に想像できる。

一方で、日本の原子力開発には、開発当初から社会的ハンデキャップがあった。それは、原爆であり、被爆者の姿である。広島と長崎には、病院などで治療にあたっている大勢の原爆被害者がいた。そのうえ、１９５４（昭和２９）年３月には、米国がビキニ環礁で行った水爆実験によって、日本のマグロ漁船、第五福竜丸が核実験のフォールアウト（〝死の灰〟といわれた）を浴びるという出来事が発生した。〝放射能マグロ〟という言葉が毎日のように新聞紙面に踊り、半年後、同船の無線長が亡くなった。また、キュリー夫人の死因が、長年の放射線被ばくによるものだったこともすでに知られていた。それでも、安定的で安価な電気が必要であり、原子力は、ハンデを超えて受け入れられてきた。しかし、こうしたハンデは、２１世紀のいまでも、一般の人たちの心から消えずに残っている。

（２）徐々に生じる軋み：政党主導による反対運動

１９７０、７１（昭和４５、４６）年、敦賀（沸騰水型：ＢＷＲ）、美浜（加圧水型：ＰＷＲ）、福島第一発電所の初号機（ＢＷＲ）という、三つの米国型原子力発電所が、営業運転を始めた。当時の大阪万博会場に原子力発電の電気が送られ、歓迎されたことはすでに触れた。この営業運転を始めたばかりの原子炉は、それぞれ初期トラブルにぶつかった。それが、立地地域中心にニュースになった。敦賀では、燃料棒のピンホールなどが原因で放射性物質が、極微小量だったが環境に出た。美浜では、原子炉の炉水管理を原因とする熱交換器細管の減肉現象が問題になった。福島でも、燃料棒のピンホール問題が起こった。運転から3年目には、その後長く課題となるステンレス合金の応力腐食割れ問題にも見舞われた。いずれも、的確な対応によって、今日では解決を見ている。1971（昭和46）年、米国のアイダホ国立原子炉研究所で、PWR型原子炉模型（モックアップ）を使った緊急炉心冷却装置（ECCS）の試験が行われた。結果は期待どおりにはならなかった。模型自体が的確さを欠いたための不具合だった。米国原子力委員会（AEC）が公表したことで、日本にも伝えられ、〝欠陥原子炉〟問題として、大きく報道された。後で詳述するが、この頃、日本社会党が政党として初めて〝原子力開発反対〟の立場を明確にするということも起こっている。

1974（昭和49）年には、原子力船「むつ」が母港大湊港から試験航行に出航してすぐに、〝放射線〟漏れを起こした。原因は、放射線の遮蔽が的確に行われていない（遮蔽リングの設計ミス）という基礎的誤りだった。その後、「むつ」は、地元地域の支持を得ることができないまま、長い間母港に帰港できず、結果的に廃船になった。じつは、原子力船の建造と進水の時期は、ちょうど陸奥湾での帆立貝の養殖事業が、苦労と研鑽の結果、成功を収めた時期と重なっていた。こうした背景があったことで、漁業者の反対はきわめて激しいものであった。

その反面、この頃には前述したように二度の石油危機が発生し、石油価格が驚くほどの高騰を見せた。電気料金は、数年で2倍近く上昇した。これを受けて、省エネルギー、石炭活用、原子力発電開発推進の三本柱のエネルギー政策が打ち出された。国産技術でエネルギーをつくることができる原子力発電技術が改めて評価されたのである。国策として原子力開発推進にドライブがかかった。

また、同じく1970年代中頃には、もう一つ触れておく必要のある出来事があった。現在のエネルギー政策に通じる、エネルギーについての思想的主張が、米国の政治雑誌フォーリン・アフェアーズに寄稿されたのだ（1976（昭和51）年）。エモリー・ロビンスの〝ソフト・エネルギー・パス〟である。本として刊行もされ、翌年日本でも日本語訳が出版された。一部関係者が関心を強めていた。

1972（昭和47）年には、当時の日本社会党が原子力発電に関する公開質問状を公表した。20数項目の質問を並べたもので、そっと公開したもののように見えた。この出来事は、いまでは知る人はほとんどいない。思えばこれが、政党主導による〝原子力反対運動〟の始まりであった。これは、公害反対運動によって党勢拡大をした経験を踏まえていた。さらに当時、核保有国による大気中核実験が繰り返されていたのだが、社会党はこれに反対する国民運動もかねてから展開していた（核実験反対運動は、現在も続いている。運動は、原水爆禁止日本協議会（原水協）によって始められたが、その後、原水爆禁止日本会議（原水禁）が分離独立し、二本立ての形でいまに至っている）。

また、1973（昭和48）年には、四国電力の伊方原子力発電所と、日本原子力発電の東海第二原子力発電所に関する行政訴訟が起こされたことにも触れておかなければならない。国を対象にしたこの訴訟は、必定、メディアの大きく取り上げるところとなった。同様の訴訟や差し止め請求は、その後も反対運動の一環のようにして続いている。

このように、事あるごとに、政党や労働組合（総評）主導の原子力発電反対運動が続くことになり、あたかも左翼の代表的運動のようにすら見えるようになっていく。しかし社会党は、無資源国日本のエネルギー政策については何も具体的提案をしなかった。

(3)　チェルノブイリ事故を契機に市民運動へ

二度目の石油危機の最中である1979（昭和54）年3月、米国・ペンシルバニア州にあるスリーマイル島（TMI）原子力発電所2号機において、運転員のミスが原因で事故が起こった。ペンシルバニア州知事は周辺住民に避難勧告を発し、日本でも大々的にニュースになった。

1986（昭和61）年4月26日1時23分（モスクワ時間）、ソ連（現・ウクライナ）のチェルノブイリ原子力発電所4号炉が原子炉暴走事故を起こした。後に決められた国際原子力事象評価尺度（INES）において最悪のレベル7（深刻な事故）の事故だった。ソ連崩壊の5年前の出来事で、いまだソ連は、情報公開不十分の時代だった。事故は、欧州諸国はもちろん、日本にも大きな影響を及ぼした。チェルノブイリ事故は、原子炉の核暴走事故で、中性子の減速材（黒鉛）が燃えて、大火災も発生した。事故により放射性物質が高く舞い上がり、フォールアウトとして欧州全域に飛散した。発電所所員や消火に駆けつけた消防士の何人かが命を落とした。事故を起こした原子炉は、低出力のときに安定さを欠く特徴をもつソ連固有の原子炉だった。しかし、運転員がその特徴を考えることなく、特殊な実験のために出力調整テストを行ったのが原因だった。さらに、ソ連の原子炉は、米国型と異なり、事故の際の放射性物質飛散防止のための原子炉全体を覆い囲む容器（格納容器）が設けられていなかった。欧州諸国では、事故のフォールアウトによって、農産物を始めとする食べ物が汚染され日常生活に支障をきたした。それでも、遠く日本から見ると、欧州の人々の事故の受け止めは、きわめて冷静なように見えた。

日本にも影響が出た。その年の年末から翌年にかけて、欧州から輸入したナッツや小麦粉の加工品など（たとえばスパゲティなど）に、検疫で基準以上の放射能が検出されるものが出てきたのだ。これが、原子炉の安全問題を〝食卓の安全問題〟へと変えた。それまで原子力開発とは直接かかわりのなかった、食品の安全を求める運動を、原子力発電反対運動へと結び付けることになったのである。

この食品の安全を求める運動は、農薬や保存料を避け、生産者や生産地を知ろうとする主婦たちを中核としたものだった。この運動は、1975（昭和50）年前後に端を発する。この年代には、水俣病や大気汚染などの公害を通じて、身近な日常生活における安全を思う主婦たちが増えていた。有吉佐和子の小説『複合汚染』（1974、75年朝日新聞連載）が評判になっていた時代である。いまではなじみ深くなっている〝食の安全〟を求める主婦たちと思いを同じくする人たちが活動を始めていた。中には、〝絶対〟を求める人たちもいた。自ら農産物などの生産地や食品の生産者へ働きかけ、〝安全な食品を求めて〟、産地消費地を直結させるネットワークをつくり、直接的な物流を始めていた。かつての学生運動の活動家の中からも、こうした社会的動きに参加したり、呼びかけたりする人たちもいた。現在の「生活クラブ」や「生協」の活動の一端である。「大地を守る会」などは、その後、主婦たちの広範な支持を得て、活発な事業展開をし、いまや、東証一部上場の自然食品大手企業になっている。

原子力反対運動が、このチェルノブイリ事故による輸入食品の放射能基準値超えを取り上げると、主婦を中心とする女性たちが反対運動に加わり始めた。東京日比谷公園での集会には、2万人ともいわれる人が集まり、運動は盛り上がりを示した。自然食品の産消物流ネットワークが原子力反対ネットワークに変わり、原子力反対運動は、政党主導型から市民運動型に変質し活発化した。このようにして起こっていることは、もはや、エネルギー問題を超えて、社会変革運動ともいうべきものだった。

原子力反対運動は、特に九州地方で先鋭化したが、同時期に、四国電力の伊方原子力発電所2号機で、

PWR型軽水炉の出力調整試験（電気需要の変動に応じて発電出力を追随させる試験：負荷追従出力調整試験）が行われていた。PWR型原子炉を保有するグループが１９８７（昭和６２）年１０月に1回目のテストを行い、続いて、１９８８（昭和６３）年2月に2回目の試験を実施した。この〝出力調整〟という表現に、チェルノブイリ事故の経緯の中で伝えられた低出力での〝出力調整試験〟という言葉が重ね合わせられた。伊方2号機で行われる試験のことを理解もしないまま、テレビは、2号機で行われる負荷追従試験によって明日にでもチェルノブイリ事故同様の出来事が起こるかのように伝えた。試験当日、四国電力本社の周辺には、小さな子供を背負った女性たちを含め、大勢の人たちが集まった。テレビ報道を意識してか、公道上に〝ダイ・イン〟する人たちもいた。まちがいなく、それまでの政党や労働組合主導の反対運動とは異なった運動だった。前述のように、運動を主導する人たちの中には、１９７０年代後半から１９８０年代にかけての学生運動活動家も見られた。それだけに、対応をした電力会社の職員たちは、戸惑い、翻弄された。

(4)　メディアによる情報の反復と偏り

テレビは、この原子力反対運動を〝市民運動〟として連日のように大きく報道した。それはあたかも、この反対運動と一体のようだった。九州地域の運動家の一部の人たちは、１９８７（昭和６２）年の春から夏にかけて、大阪、東京、そして北海道にまで北上し、各地で反対キャンペーンを展開した。そのつど、地方のメディアがそれを取り上げた。

エネルギーや原子力発電、あるいは、放射線・放射能についての情報を、一般の人たちはどのようにして得るのだろうか。学校教育によることもあろう。だが現実は、ニュースや解説番組など、マスメディアからの情報が圧倒的に多い。昨今は、インターネットとスマートフォンの普及に伴って情報の流れが変質し、SNSが情報伝搬の形を変えつつあるが、それでも、多くの場合、一次情報は相変わらずマスメディアからのものが多いのだ。ここは改めて強調したい。

一般の人たちにとって、最大の情報源であるマスメディアは、考え・判断する素材・材料の中心なのだ。だから、世論形成におけるマスメディアの影響力は大きい。そして、その情報は、繰り返されることによって一層強調される。この繰り返しは、メディアの独断によって行われる。たとえば事故の影響は、いろいろな場面が、時に回顧・反復されることで深まる。この〝繰り返し効果〟は、マスメディアの影響力を強めている。メディアの中には、〝反原発〟を売り物にしているところもある。ともすると、メディアの一部は、自らの主張も加えて現実の出来事をニュースにする。

マスメディアでは、「人が犬に噛まれてもニュースにならない。しかし、人が犬に噛みつけばニュースになる」とよくいわれる。センセーショナルな情報が好まれる、それがメディアなのだ。結果的に一般社会では、原子力発電に関するマイナス情報が相対的に多くなり、一方に偏る。この偏りは、原子力発電についての〝光〟の部分の情報発信が少ない状況によって、さらに強まる。

じつは、前述した1985（昭和60）年以降、社会情勢としては、なかなか大変なときだったが、原子力発電は好調な発電実績を示していた。発電量は、1991（平成3）年に2000億kWh超となり、1998（平成10）年には3000億kWhを超えて、日本の電気のおよそ1／3超をまかなうまでになっていた。原子力や電力関係者は、このことを当たり前のように受け止めていて、原子力発電の実績について公表はしたものの、情報発信は続かなかった。

(5) 信頼関係の崩壊：福島第一原子力発電所事故

２００２（平成１４）年夏、東京電力は、原子力発電部門が原子力発電所の各種データを改ざんしたり、ごまかしたりしていたと発表した。これにより、経営トップである会長、社長が引責辞任した。この件のきっかけは、関連メーカーの技術者が監督官庁に内部告発をしたものだった。告発を知らされ、東電社内では調査チームがつくられ、事実関係の調査が進められた。弁護士など外部専門家による検証調査も行われた。事案は、原子力部門の内部管理にかかわる問題であることが明らかになった。内在していた積年の問題が、顕在化したものだった。

データ改ざん問題発覚から5年後の２００7年7月、新潟県日本海沿岸をM６・８の地震が襲った（新潟県中越沖地震）。柏崎刈羽原子力発電所も、強震の直撃を受けた。7基の原子炉はどれも大きな損傷を受けたが、原子炉の基本的安全はそのすべてで守られた。しかし、発電所に併設されていた大きな変圧器の1台が火災を起こした。絶縁油が引火したのだった。消火用のパイプが損傷を受けていて水が届かなかった。黒煙の上がる場面がテレビで放映され、社会にショックを与えた。

その4年後の２０１１年3月１１日、東日本大震災が起こった。日本列島の北半分太平洋側沿岸地域が、M９の大地震に襲われた。続いて、１０００年に一度ともいわれる巨大津波が、北海道から千葉県の太平洋側に至る広範な地域を襲った。その様子はテレビで実況中継された。日本中、いや、世界中の人たちが見た。行方不明者を含め、１万８０００人を超える人々が亡くなった。

福島県の浜通りに立地する福島第一原子力発電所では、地震で送電線が使用不能となり、外部からの電気供給が途絶えた。巨大津波が追い打ちをするように原子力発電所を襲った。運転中だった1～3号機で原子炉メルトダウン事故が起こった。フォールアウトが周辺地域に飛散し、風下の相当離れた地域まで飛んで、地域の自然と人々の住環境を汚染した。〝頭の中にあった原子力のリスク〟は、現実のものとなり、〝環境と健康のリスク〟に変わった。この事故は、日本はおろか、世界に甚大な影響を与えた。特に、発電所周辺の人たちへの影響は筆舌に尽くしがたい。8年あまりを過ぎた2019年10月末でも、3万を超える人たちが、県外にいて自宅に帰ることができずにいる。心痛の極みである。

2011年5月6日、当時の菅直人総理大臣は、中部電力に対して、運転中の浜岡原子力発電所4、5号機の運転停止を求める要請を行った。世論への影響を狙っての要請と見えた。法律に基づく要請ではなかったが、中部電力は、総理大臣からの要請に従って運転を停止した。以降、今日に至るまで、浜岡4、5号機は運転をしていない。これ以降、定期検査などで停止した原子炉は、9基が運転再開を果たしているものの、その他は運転再開が叶わずにいる。かたわら、運転期限などの関係で廃炉になるものも増えている。

福島事故までは、世論は、原子力発電の不具合やトラブル情報に接しながらも、総じて技術を〝受け入れていた〟。エネルギー総合工学研究所の調査では、「〝不安〟を抱きつつも、有用を認めるゆえ、原子力発電の利用を認めている。」ということだった[4)]。しかし一方で、「大多数が原子力発電に対して不安感をもつ」状況でもあった。特に、不安の思いは女性に強かった[4)]。(株) 原子力安全システム研究所の調査によれば、事故前ではおよそ半数だった、原子力発電に対して〝不安に感じる〟という意見が、事故後では8割に達したという[5]。特に、真実公表への不信は80％を超えた。さらに、（一財）日本原子力文化財団の調査によれば、それまで70％前後だった原子力発電が必要という意見が、40％にまで低下した[6]。一方、事故以前は6～7％だった不必要とする意見は、25％にまで達している。

4　科学技術の光と影をいかに受け止めるか――福島原発事故が突きつけたもの

(1)〝便益〟と〝リスク〟

原子力発電所の場合、自然現象も含めて立地地点特性、工学的安全性などが安全審査の対象になっている。最近では、〝テロ対策〟など人為的擾乱要素なども含まれる。審査によって評価・判断され、合格となって、初めてすべてのことが社会の舞台で進みだす。社会的信頼のスタート・ポイントである。

こうした事々の評価の過程では、特に、外的条件・外部要因の〝想定〟が欠かせない。原子力施設の場合、この外部要因だけでも、その評価について専門家間でも議論があり、時に意見が分かれる。こうした社会における科学の現実は、〝絶対安全〟や〝ゼロリスク〟を求める期待にもぶつかる。現実には、〝影のない光はない〟。現実は、相対的なものなのだが、限りなく絶対安全に近づくほうが好ましいと受け止められる。この点は、原子力発電のもたらす〝便益〟に論が及ばない場合には、特にそうなる。

原子力発電に関係して切り離せない課題に放射線がある。放射線は、その発見のときに始まり、過去、研究者や利用者の身体に障害が生じることが繰り返され、次第にその危険性がわかってきた。仕事として放射線を受けざるを得ない人たちの健康を守るために、国際放射線防護委員会（ＩＣＲＰ）が設立された。その歴史は、前身を含め、じつに90年を超える。現在では、放射線の利用用途は医療から工業までと多様になり、社会が受ける恩恵は広がってきている。しかし、特に低線量の放射線については、いまだに研究室レベルでのテーマでもある。

放射線利用の際の基本的考え方は、ALARA（As Low As Reasonably Achievable）すなわち〝合理的に達成できる限り低く〟として、ICRPによって国際的に勧告され、日本でもこの考え方が採用されている。ポイントは、〝放射線の影響を認めたうえで、極力受ける放射線量を低くしよう〟ということである。遺伝への影響も含めて、人間の人生100年の生活の中にあるさまざまな危険との相対的比較で考えようということでもある。

リスクを相対的に捉える考え方は、現実では一般的だ。日常生活では、リスクを暗黙裡に受け入れて、科学技術の成果物を手にしている。一つひとつの事案について深く考えないまま、〝便益〟と〝リスク〟とを天秤にかけ、便益を選択しているのである。その科学的よりどころは、一言でいえば、〝確率〟によるリスク評価だ。その背景には、放射線医療関係者を含め、技術専門家の考え方と判断を信頼しているという暗黙裡の了解がある。

もう一つ考えておくべきことがある。身近な事例の多くの場合、〝便益〟と〝リスク〟は一体であることがほとんどである。私たちは、野菜や食品などの買い物の際にも、超高層ビルに入る際にも、飛行機に乗る際も、直感的にせよ、あるいは無意識にせよ、暗黙にリスクを受け入れて〝技術の成果物〟に接している。〝医療〟や〝医薬〟も同様だ。しかし、医療などの場合には、情報の受け手が圧倒的に〝受け身〟である。そのため、インフォームド・コンセントといわれるとおり、治療や投薬についての説明が詳細に行われる。これらいずれの場合にも、重要な前提は〝信頼〟である。

しかし、原子力発電の場合には少し複雑だ。公害問題のところでも触れたように、一般的に〝便益〟と〝リスク〟は離れて存在する。大胆にいえば、〝便益〟は電気の消費者に、〝リスク〟は立地地点の人たちにある。この距離を埋める術は、原子力関係者への信頼にほかならない。また、立地地域に対する国の交付金や、地方自治体が制定する〝核燃料税〟収入などの政策的措置も、見方によってはその機能を果たす。立地の初期、原子力施設を受け入れる地元の多くの人たちは、原子力発電所が来れば、子供や孫たちの働く場ができると期待した。そして、一般的にいって、原子力発電所は現在でも、立地地域にそれなりに役立っている。

じつは、福島事故を経験した後の現在でも、世論としては、原子力発電を支持する意見がある。これは、前述したこれまでのマイナス情報の多さを考えれば、日本社会が、一部とはいえ、逆風の中で依然として原子力発電の有効性を評価していると受け止めてよいのだろう。このことは、昨今の気候変動問題への関心の高まりに呼応し、原子力発電をクリーンエネルギーとして期待するものであるかもしれないし、日本のエネルギー事情を考えてのことかもしれない。

(2)　退くのか、進むのか

福島第一原子力発電所の事故は、想定を超えた条件が生じたことによって起こった(この点については、現在、係争中のことでもあり、別の理解・主張もあり得るわけで、まさに、コントロバーシャルなのである)。

ここで、大きな問いにぶつかる。〝失敗して退くのか？　失敗を克服して進むのか？〟である。これからの日本社会は、少子高齢化が進む。これまでの経済成長重視から〝穏やか志向〟になろう。エネルギー面では、消費量が伸びない一方、電化が進む。〝社会の電気依存〟はますます高まる傾向にある。それなのに、日本のエネルギー事情は昔と変わらず、自給率は先進国の中でも桁外れに低く、供給のほとんどすべてを海外に依存している。太陽光や風力発電の開発も進んでいる。これらの自然エネルギー利用は、必要だし重要である。しかし、風力・太陽光発電は、スタンドアローンでの大量安定供給がまだできない。生み出す電気は、天気を映して、瞬時にも、あるいは昼夜でも変化する。バッテリーを設置して安定化させる方法もあるが、技術的課題もあるといわれており、電気が相当に高価なものになる。安定的な電気の供給には、これまでのところ、既存のネットワークに頼らざるを得ない。だから、ネットワーク側では、安定化と調整のための必要能力と、負担するコストがますます大きくなってきている。現実的に安定した電気の大量供給には、火力発電や原子力発電が必要なのだ。産業活動や国民の日常生活での膨大な電気の需要に、風力や太陽光発電だけで量的にも質的にも応えられるようになるには、まだまだ年月を要する。技術革新に期待を抱きつつも、現実を直視する必要がある。

科学技術の歴史を顧みれば、科学技術の成果物が広く利用される成功への道は、失敗を繰り返しながらたどられている。失敗を糧にし、失敗に学び、これを克服して現在の貢献に至っている。これは、多くの人たちが知るところである。ノーベル賞創設者であるアルフレッド・ノーベルのニトログリセリン火薬の開発や、がんの薬と対処療法などの確立を見ると、犠牲者を出しながらも前へ進んできたことを知る。最も身近なところでは、化学肥料利用なども、利用における失敗から多くを学んでいる。

福島第一原子力発電所事故後、哲学者の吉本隆明は、いくつかのメディア・インタビューで強い主張をしている。筆者は、これを「科学技術に社会の根底から依存している２１世紀の今日では、後退はあり得ない。失敗を克服して、原子力技術を利用するべきである。科学技術は、そうして今日に至った」ということであると理解している。

5　科学技術と社会のあるべき未来に向けて

(1)　信頼関係をいかにして回復するか

技術と社会、そしてコミュニケーションの問題は、〝お互いの信頼〟がなくては、かかわり自体が成り立たない。いわば、話にならない。原子力発電技術も同様である。福島事故は、つながりの根底にある〝信頼を壊した〟。技術そのもの、専門家や原子力発電を進めていた電力会社を始めとする企業、関係する行政機関、そして多くの支持者の信頼が失われた。それでも、繰り返すが、日本のエネルギー状況が先進国の中でも依然として圧倒的に海外依存であるという事実は変わっていない。少しでも自立力を高めなくてはならない。技術で国産エネルギーを生み出すことのできる原子力発電は、やはり必要である。福島事故後、日本の原子炉安全に関する規制は、失敗に学んで一段と厳しくなった。新生原子力発電を期待したい。

これまで、原子力開発の歴史をたどる中で、開発を進める側における問題を指摘してきた。その中には、個別の事案としては、「隠さない」、「ごまかさない」など、基礎的一般原則にかかわるものもあった。技術を進める者たちと社会との、両者の間の信頼関係はここから始まるわけで、この点はきわめて重要である。よくいわれるとおり、「できるだけ速やかに公表する」、「情報を開示する」ことは、基礎的なこととして重要である。「公表」そして「情報開示」は、社会とのコミュニケーションの第一ステップである。

何といっても、相手にわかりやすく、つまり、届くように伝えなくてはいけない。届かないメッセージをいくら発信しても空回りである。ここは、工夫のしどころで、〝いかに伝えるか〟を考えに考えることが大切である。ラグビー日本代表前監督のエディ・ジョーンズ氏は、選手への意見・指示の伝え方について、「言葉が大事だ、伝える際には、感情移入が大事。言葉に感情がなければ、誰かに響かせることは難しいだろう」と語っている（2019年8月20日、朝日新聞朝刊）。スポーツの監督と選手の間でもこんな努力があるのだ。このことを思えば、一般の人たちに理解をしてもらおうとする原子力の関係者は、まだまだ、努力と工夫の余地がある。ただ、いざ説明となると、内外に課題は多い。前述したとおり、〝電気の空気化〟によって、原子力発電の唯一の成果物である電気の良さが認識されがたいという現実がある。さらに、電力会社を筆頭に、関連企業の内部では部門専門化が進み、消費者から遠くなり、一般の人々にわかりやすく伝える能力が低下している。原子力発電についての社会一般の人たちとのコミュニケーションは、ますます難しいものになってきているといわざるを得ない。

一番必要なのは、〝相手を知ること〟である。相手を知るのには、〝謙虚さ〟が要る。〝忍耐力〟といってもよいかもしれない。これは、すべての出発点である。目指すのは、コミュニケーションを通じた〝信頼の回復〟である。それは、長い道を歩むことでもある。大きな挑戦である。これもまた、〝忍耐力〟を必要とする。

信頼関係再構築の扉を開く鍵は、コミュニケーションにほかならない。ポイントは二つある。一つは、全身をさらして示す行動だ。もう一つは、〝言葉〟である。平たくいえば、〝身体で示す〟ことと〝言行一致〟の言葉である。専門的知識や多くの知見ももちろん大事だ。しかし、いま必要なのは、原子力開発にかかわる人たち、そして、日本のエネルギーの脆弱さを懸念する人たちが、情報を発信することである。メディアが伝える情報によって、一般的には偏ってしまいがちな原子力発電に対する理解のバランスを取り戻すには、開発にかかわる人たちが、公正で隠しごとのない情報を発信することである。時間を要さざるを得ないが、公正な情報発信と信頼回復は、両輪で進む。科学技術を正確に語るのは、その〝影〟と〝光〟、双方の情報があって初めて実現するものである。なお、米国では、2001年ブッシュ（ジュニア）政権が新たなエネルギー政策を発表した。当時のブッシュ大統領は、その中で原子力発電の再建を宣言した。この新しいエネルギー政策は、スリーマイル島事故から22年後のことであった。繰り返しになるが、信頼回復には、時間がかかるのである。

(2)　おわりに

この原稿執筆中の2019（令和元）年9月9日に関東を襲った台風15号は、特に風が強く、猛威を振るい、千葉房総半島の一部地域では、1～3週間にも及ぶ停電が生じた。長時日の停電は、〝電気があって当たり前の世界〟とは異なる体験を被災者の方々がされる機会となったに違いない。また、その1年前、2018年の9月6日未明には、北海道をM6・7の強震が襲った。地震による設備被害と急な点灯による需要急増が重なり、需給バランスが維持できなくなって、全島ブラックアウトの事態が現出した。北海道295万世帯（人口数およそ500万人）の電力供給が停止した。このように、激化する最近の自然災害による停電が、当事者の電力会社に対するクレームを超えて、〝電気の価値〟に気づく人たちを生み出すことになっていることであろう。こうした出来事による影響が広く一般の人たちにまで及び、電気についての関心と理解が変わるのかどうか。影響が及ぶのであれば、〝電気の空気化〟も、変化するかもしれない。さらに、電力会社に働く人たちが〝消費者＝お客様〟についての思いを改めて深くするのかどうかなども、気になるところである。

これまでの電力マンと電気消費者とのかかわりの希薄化は、電力マンの、消費者とのコミュニケーション能力を低下させてきた。上述の不幸な事例などへの電力側の対応力も弱体化してきているかもしれない。電力マンは、今後、いかにして一般消費者とのコミュニケーション力を維持していくのか。利用者・消費者を忘れた事業に待っているのは、過去の事例を見る限り、衰退の道である。一般消費者とのコミュニケーション力の回復と維持は、これからの電力マン最大の課題だといわざるを得ない。

2020年4月、電力会社の部門の法的分離が行われた。構図としていえば、発電から販売までの一貫電力会社体制は、発電・燃料部門、ネットワーク部門、販売部門、それにアンブレラの企画などのホールディング会社へと分離分割された。

当然、長年の一貫電力会社体制における基本思想であった電気事業の供給責任も、分離分割されてしまった。電気は、市場コモデティすなわち〝商品〟となった。販売面でも、発電面でも、競争が進んできた。販売競争には、通信・交通などの基幹産業企業から、にわかづくりのベンチャー企業までが参入している。発電面では、小型分散の太陽光発電や風力発電が、政策的支援を受けて参加してきた。この小型分散型電源は、建設期間が短いうえ、所要資金規模も相対的に小さいこともあり、急増している。

地球温暖化がもたらす気候変動問題への取り組みが追い風になってもいる。

電気を送る流通部門も分離された。流通部門は、基本的には、〝水道事業〟、〝鉄道事業〟、〝ガス事業〟そして〝通信産業〟に似る。しかし、電気の技術的特性は、ほかに見ない強電固有の専門的色合いがあり、電気固有の状況を伴う。特に、産業用や大規模事業用、そして、基幹ネットワークでの大量電力の流通事業に対しては、扱う強大な〝エネルギー量〟が、他産業にない特性を要求する。一方、住宅等へは、山間僻地を含め、全国各地くまなく電気を届けるのも仕事と受け止められている。こうした状況は、電力ネットワークの設備形成と運用に、直接反映されることになる。流通設備は、送電・変電・配電の三部門からなる。その設備量については、前述したとおり膨大である。

２０２０年４月以降、送電線から配電線に至る基礎的ネットワーク事業は、地域ごとに設備の保有と運用、そして、全国的連係運用が別々の会社になった。いうまでもないことだが、変電設備や鉄塔・電柱などの電力ネットワーク設備は、風雨にさらされ、地震に耐え、怠りない点検保守によって機能を全うしている。設備の維持のための保守補修などの業務は、分離された民間ネットワーク会社が担う。設備の健全な機能維持には、点検や補修が欠かせない。電柱や送電鉄塔に登っての、あるいは都市の地下にある洞道内での電線ケーブルの点検・パトロールなどが欠かせない。電気は危険物だから、夏でも、しっかりと安全防護が欠かせない。手を汚し、額に汗して担う仕事は続く。こうした仕事は、黙々と愚直に担われて、決して目立つことはない。一方、電気供給の全国的連携や運用は、国がつくった全国系統運用連系機関が担っている。かつての電力〝供給責任〟は、いまも言葉だけは時に聞くが、事業体制とともに分離分割された。日本の電力供給体制は、いま、歴史的転換点にある。

電力消費量は、どうやら今後あまり伸びることはない。むしろ、減るように見える。それでも、社会で進む高齢化とＩＴ化・デジタル化は、スピードが加速する。便利さの追及は加速するのだ。たとえば、住宅では、照明でも、エアコンでも、これまでのようなスイッチはなくなる。人が動き、発する声が、スイッチの機能を果たす。街並みでも、人が近づけばセンサーが感知して、エスカレーターが自動的にスタートする。これらはすでに日常の風景である。車の世界でも、自動運転が始まろうとしている。すべて、ＩＴ化・デジタル化の成果である。これらは、一般的に歓迎されているトレンドであろう。

これらの傾向を整理すれば、じつは、相矛盾するともいえる事情が見える。こうした社会のあらゆる分野に普及しつつあるシステムは、みな電気に依存する。結果的に、２１世紀における利便性の実現は、ますます〝電気の空気化〟を進めることになる。ＩＴ化とデジタリゼーションが、これまで以上に供給途絶がなく質の高い安定した電気を必要とするかたわら、それらすべての駆動エネルギーである電気の〝空気化〟が、一層高まるということである。過去数十年かけて進行した電気の空気化は、この先何倍にも速まる。本書の課題である、一般社会と科学のコミュニケーション、科学技術（電気）と社会とのかかわりは、まさにパラダイムシフト中であり、新たな質的変化に直面しつつあるといってよかろう。そして、新たな弱点・課題にぶつかることになろう。さて、これからはどうなるのだろうか。

参考資料
１）ダニエル・ヤーギン（２０１２）『探求―エネルギーの世紀』、日本経済新聞出版
２）電気事業便覧

3）東京電力（株）（１９８３）『東京電力三十年史』
4）下岡浩（２００７）「意識調査から見た原子力発電に対する国民の意識」、エネルギー総合工学研究所報告
5）北岡淳子（２０１３）、「継続調査でみる原子力発電に対する世論　過去３０年と福島第一原子力発電所事故後の変化」、（株）原子力安全システム研究所
6）（一財）日本原子力文化　世論調査結果

3章　不信と誤解が招く不安

唐木英明

原発、消費税、年金等、社会の意見が対立している問題は多い。筆者の専門である食品と健康の分野では、食品の最低限の条件である安全をめぐる意見の対立が繰り返し起こっている。対立の発端は事件や事故の場合もあるが、さまざまな動機や意図をもった運動が厳しい対立をつくり出した例もある。対立の一方は食品のリスク管理者である行政と事業者であり、もう一方は消費者や各種の団体である。

対立の内容はリスク管理が十分なのか、すなわち安全が守られているのかだが、何をもって安全と判断するのか、その基準が両者で異なる。リスク管理者は科学的なリスク評価を判断基準にして、統計的に健康に被害がないところまでリスクを低減できれば安全と判断する。リスク評価は国の専門機関である内閣府食品安全委員会が行うのだが、その任務について食品安全基本法第11条は「評価は、その時点において到達されている水準の科学的知見に基づいて、客観的かつ中立公正に行われなければならない」と規定している。

リスク管理において重要なことはもちろんリスクを小さくすることだが、一つのリスクを小さくすることが別のリスクを生じることがある。たとえば、農薬を全面禁止にすれば、残留農薬のリスクはゼロになる。しかしその結果、農業生産は壊滅的な被害を受けて、食糧難のリスクが発生する。だから、農薬を使用することで発生するリスクと、使用しないことで発生するリスクの総和を最小にする「リスク最適化」を実施することが最も重要である。

一方、消費者は誰でも、自分と家族の健康に関するリスクはゼロにしたいと思う。その安全の判断基準は科学や統計学ではなく、個人の感覚、すなわちリスク管理者が信頼できるのか、彼らの説明に納得して不安が解消したのかである。だから管理者から「基準値以下の微量の食品添加物や残留農薬のリスクは小さく、科学的あるいは統計的に見て安全だから、その程度のリスクは受容してほしい」といわれても、簡単に「わかりました」とはいえない。食品安全基本法第3条に「食品の安全性の確保は（中略）国民の健康の保護が最も重要であるという基本的認識の下に（中略）行われなければならない」と規定されている。にもかかわらず、「小さいリスクだから受け入れろ」ということは、事業者の利益を優先して消費者の健康を考えていないのではと感じるのだ。リスク管理者は、科学的に安全が証明されているにもかかわらず不安を感じるのは消費者の誤解にすぎないと思う。他方、消費者はリスクを押しつけようとするリスク管理者を信用できないと感じ、不安になる。これでは対立が起こるのは当然である。

消費者の不安をなくして対立を解消する方法は、両者の対話、すなわちリスクコミュニケーションである。その根拠は食品安全基本法第13条「食品の安全性の確保に関する施策の策定に当たっては、当該施策の策定に国民の意見を反映し、並びにその過程の公正性及び透明性を確保するため、当該施策に関する情報の提供、当該施策について意見を述べる機会の付与その他の関係者相互間の情報及び意見の交換の促進を図るために必要な措置が講じられなければならない」という規定である。これに従って、国は多くの課題についてリスクコミュニケーションを実施している。しかし、上記のような基本的な考え方の違いから、意見の調整は往々にして困難となる。

本章では、食品安全をめぐる対立の実例を挙げ、「消費者の不安」という視点から、対立の原因と、これを解決するためのリスクコミュニケーションのあり方について考える。

1　不安の実態――実際の被害との乖離

遺伝子組換え（GM）食品や牛海綿状脳症（BSE）など、食品に対する不安がしばしば大きな社会問題となる。しかし、実際のところ、必ずしもその不安の大きさに比した被害が報告されておらず、消費者自身も差し迫った危険を感じているわけでもない。

内閣府の世論調査[1]によれば、生活の中で悩みや不安を感じている人は63％だった。その内容は老後の生活設計が55％、自分の健康が55％、家族の健康が42％、今後の収入や資産の見通しが40％などである。食生活については89％の人が満足と回答し、不満と答えた人は10％だった。食生活への不満が、食品の安全性に対する不安なのかは調査していない。

食品安全委員会は、日常生活で不安を感じる項目について聞いている[2]。「とても不安」という回答は、自然災害51％、環境問題32％、犯罪27％、交通事故26％、戦争・テロ24％、重症感染症21％、食品安全18％だった。なお、これらの調査は新型コロナ問題が起こる前のものであり、現在は「健康」や「感染症」に対する不安が大きくなっているものと考えられる。しかし、食品は新型コロナ感染の直接の原因ではないので、そのために食品安全に対する不安が増大しているとは考えられない。

これらの結果から、健康について不安を感じている人は多いものの、食品安全に対する不安はそれほど大きくないことがわかる。では、実際にどのような理由で消費者は食品に不安を感じ、不安の大きさはどの程度なのだろうか。不安の内容について詳しく見ることにする。

(1)　食中毒統計

食品の安全を脅かす主な要因は三つある。食中毒菌やウイルス、寄生虫、毒キノコなどの「有害生物による食品汚染」、食品添加物、農薬、放射性物質などの「化学物質による食品汚染」、そして金属片やガラス片などの「異物の混入」である。これらのうち実際に食中毒を起こしている要因が厚生労働省の食中毒統計にまとめられている[3]。平成３０年度には１３３０件の食中毒が発生し、１万７２８２人の患者が出て、うち３人が死亡した。その原因はウエルシュ菌、カンピロバクター、サルモネラ属菌など食中毒菌が６６３３人、ノロウイルスなどウイルスが８８７６人、アニサキス、クドアなど寄生虫が６４７人、ヒスタミンなどの化学物質が３６１人、毒キノコや毒草やフグなどの自然毒が１３３人、その他と原因不明が６３２人である。３人の死亡原因はいずれも自然毒だった。

それでは、人々はこれらの要因についてどのくらい不安を感じているのだろうか。前述の食品安全委員会の調査によれば、「とても不安」と「ある程度不安」という回答を合わせると、多い順に細菌やウイルス８７％、薬剤耐性菌６７％、いわゆる健康食品６５％、カビ毒６５％、アレルゲン６２％、カドミウムなどの汚染物質６１％、放射性物質５４％、容器などからの溶出化学物質５１％、残留農薬４９％、アクリルアミド４６％、食品添加物４４％、体細胞クローン４３％、遺伝子組換え４０％、牛海綿状脳症（ＢＳＥ）３９％、肥料・飼料３７％の順だった。

人々の不安と食中毒統計を照らし合わせると、興味深い事実が判明する。実際に被害者が出ている項目は、細菌やウイルス、いわゆる健康食品、そしてアレルゲンだけである。それ以外の項目は被害が出ていないにもかかわらず、なぜ不安を感じるのだろうか。回答者は食品安全委員会が募集した食品安全モニターで、食品安全に関するある程度の知識をもつ人である。とはいえ、すべての項目について十分な知識をもっているとは考えにくい。すると考えられる可能性が、「聞かれて出てくる不安」という現象である。

(2)「聞かれて出てくる不安」

100年前の精神医学者ジーグムント・フロイトは、恐怖と不安について次のように述べている[4]。

「不安は期待と明瞭な関係をもち、漠然としていることと、対象がないという特徴がある。対象がある場合は恐怖と呼ばれることになるだろう。（中略）不安は危険な状態への反応として起こり、そういう状態に再びおかれると、きまって再生される。」

危険なものに出会ったとき、私たちは恐怖を感じて逃げる。恐怖は生命を守るための重要な感情である。不安もまた危険を逃れるための感情である。夜道で足音が迫ってきたら対応に迷い、一瞬で行動ができない。これが不安であり、判断の遅れが生命の危険につながりかねない。だから不安はストレスであり、私たちは「正体がわからないものは危険」と判断して、これを避けることでストレスを解消する。

そのような前提で食品安全委員会のアンケートを見直そう。

残留農薬について49％が「不安」と答えている。それなら無農薬野菜を購入することで不安を解消すればいい。ところが有機農産物の栽培面積は、全耕地面積の0・24％しかない。要するに無農薬野菜がほとんどないのだ[5]。さらに、無農薬野菜を探して買おうとする人は少ないし、野菜はすべて無農薬にすべきという消費者運動もない。平成28年の消費者庁「消費者に対する調査について」[6]によれば、消費者が買物のときに確認するのは、価格91％、賞味期限・消費期限90％、内容量80％、輸入品の原産国77％などで、無農薬であることを確認する人はほとんどいない。

このようなアンケート調査と消費行動のギャップを、筆者は「聞かれて出てくる不安」と考えている[7]。消費者がアンケートで「残留農薬が不安ですか？」と聞かれたときに、目の前にあるのはアンケート用紙であり、商品そのものはない。そこで出てくるのが、よくわからないものを不安に感じる本能行動である。「残留農薬」、「薬剤耐性菌」、「カドミウムなどの汚染物質」、「容器などからの溶出化学物質」、「体細胞クローン」、「アクリルアミド」などのリスクを正確に理解している人がどれだけいるだろうか。ほとんどの回答者はよくわからないから「不安」と答えているのではないだろうか。

さらに、脳裏に浮かぶのは、世の中にあふれる「農薬は怖い」という危険情報だ。そして、「農薬は怖くないと答えたら、馬鹿にされるのではないか」という思いだ。人に馬鹿にされないように行動する、あるいは人と同じように行動することは本能行動の一つなのだ。こうしてスーパーで野菜を買うときには出てこない「農薬への不安」が、アンケート用紙を前にしたときにだけ出てくる。これが「聞かれて出てくる不安」である。

このことはまた、アンケートが危険情報についての「知識の調査」であり、消費行動の調査ではないことを示している。インターネットですべての情報が手に入る現在、多くの人が添加物や農薬はがんを引き起こすといった間違った知識をもち、聞かれれば「不安」と答えるが、不安を感じながら毎日の食事を食べる人はほとんどいないし、無農薬野菜を買う人はほとんどいない。不安は知識の中だけに存在するのだ。

ただし、通常は知識の中に隠れている不安が、何かのきっかけで行動に出てくる可能性はある。たとえば消費者庁が行ったアンケート調査で回答者の４４％が不安と答えている食品添加物については、無添加食品を日常的に購入している人は１２％しかおらず、ここでも「聞かれて出てくる不安」という現象があることがわかるが、類似の食品であれば無添加のほうを購入すると答えた人は３９％である[8]。このことは、たとえ知識の中であっても不安をもつ消費者の目の前に「無添加」と表示する商品があれば、不安が実体化してそれを選択の条件に入れている状況が見える。

2　不安はどのようにして広がるか

普段は隠れている不安は、何をきっかけとして顕在化し、どのように人々の間に広まっていくのだろうか。ここでは、不適切な情報や報道がきっかけになって不安が広がり、社会的な問題になった事例を紹介する。

(1)　報道が生んだ風評被害：中国産食品

日本の消費者の間では「中国産食品は危険」という見方が広く定着している。この〝常識〟ができたきっかけは、２０００年から２００２年にかけて、中国産のダイエット食品、いわゆる「やせ薬」で被害が起こったことだ。インターネットなどで個人輸入した「やせ薬」に食欲抑制剤N‐ニトロソフェンフルラミンやシブトラミンが加えられていたため、これらの副作用で肝機能障害が発生し、７９６人が体調を崩し、４人が死亡したのだ。さらに２００２年３月、民間団体が中国産冷凍ほうれん草から規制値を超える農薬クロルピリホスを検出し、国は検査件数を2倍に強化した。すると5月に別の農薬ディルドリンの基準違反が見つかり、検査件数を8倍に増やしたところ、さらに違反が見つかった。違反は健康に影響が出ない程度の軽微なものだったが、「中国産食品は危険」という評判が定着して、冷凍ほうれん草の輸入は完全に止まった。２００５年には、中国産のうなぎから使用禁止の抗菌剤が検出されて大きく報道され、中国産食品の評判はさらに落ちた。

当時の中国は戦後の日本とよく似た状況で、国による規制も一部事業者の順法精神も不十分なため、このような事態が起こったのだ。これらの事件をきっかけにして中国政府は規制を厳しくし、中国産食品を輸入する日本の企業もまた検査を厳重にした結果、少なくとも日本が輸入する食品については、規制違反はほとんどなくなった。しかし、それまでの出来事により、人々の心中には中国産食品に対する否定的な心情がつくられていた。これが中国産食品への拒絶反応にまで進んだきっかけは中国産冷凍餃子事件だった。

２００８年冬、中国の天洋食品が製造し、日本生活協同組合連合会が販売した冷凍餃子に混入した高濃度の殺虫剤メタミドホスにより、千葉県と兵庫県で3家族１０人が中毒症状を起こした。通常ではあり得ないきわめて高濃度の農薬が混入していたことから、当初からこれは犯罪事件と考えられ、その後の捜査でこれが裏づけられた。しかし、メディアも多くの人もこれを食品安全の問題と勘違いして、中国産食品に対する不安と不信が一気に噴き出した。メディアは検査を厳しくすべきと主張したが、検査は食品を破壊して測定するので、検査後の食品は商品にならない。だから全量検査は不可能なのだが、そのような事情を知らずに輸入食品の一部しか検査しないことに対する厳しい批判も相次いだ。結局、検査件数が大幅に増やされ、その結果、基準をわずかに超える程度の違反が相次いで発見され、これが連日大きく報道されて不安がさらに広がり、多くの小売店は中国産食品の取り扱いを中止して、その輸入量は大幅に減った。

それでは中国産食品は他国に比べて危険なのだろうか。厚生労働省輸入食品監視統計を見ると、令和元年度の基準の違反率は、輸入件数が多い国の順に、中国0・11％、米国0・68％、フランス0・17％、タイ0・05％、韓国0・17％で、中国からの輸入食品の違反率は2番目に低い。東京都および特別区で平成30年度に実施された輸入食品と国産食品の検査で見つかった違反率を見ると、国産食品が0・05％、輸入食品が0・06％で両者の間にほとんど差がなく、ともに1万件に5～6件程度の違反にすぎない[9]。重要なことは、健康に被害を及ぼすような重大な違反がなかったことである。このように「中国産食品は危険」という主張を裏づける根拠はなく、これは典型的な風評だったのだ。

この風評の原因は、犯罪によりほんの一部の食品に汚染が起こった事例を見て、中国産食品すべてが汚染されていると誤解したこと、そして検査率に対する誤解である。国産食品も輸入食品も1万件を検査すれば数件の違反が必ず見つかる。中国産食品の検査率だけを増やせば、発見される違反件数も増える。これを毎日大きく報道すれば、当然のことながら中国食品に対する不安は強まる。一方で、国産食品でも検査率を増やせば発見される違反件数も増えるという、統計的な事実を理解して報道した新聞もテレビもなかった。違反の実数だけを見て、違反率を見ないという単純な誤りが風評をつくったのだ。

この誤解により風評が定着し、中国産食品の輸入量は今日もまだ減少したままである。

事件から約2年後、天洋食品の元従業員が冷凍餃子に注射器を使って農薬を混入させた罪で無期懲役になった。日本でも2013年末、アクリフーズ群馬工場で従業員が冷凍食品に農薬を注入するという事件が発生した。中国とまったく同じ犯罪事件だったが、風評は起こらなかった。冷凍餃子事件の前に起こった中国産食品の違反事例がつくり出した悪い心証が、風評の発生に影響しているものと考えられる。

付言すれば、安全性が高いのは食品衛生法の厳しい規制の下に日本が輸入している中国産食品の話であり、中国国内の食品の実態は必ずしも明らかではない。

(2) フェイクニュースの影響：食品添加物

食品に対する不安を調査すると、必ず上位に登場するのが先にも述べた食品添加物である。高度経済成長期に加工食品の大量生産が始まり、添加物の使用により同じ味や外観をもち、長期保存ができる加工食品が全国どこでも購入可能になった。添加物に疑問を投げかけたのが、1955年に起こった森永ヒ素ミルク中毒事件である。品質安定のために添加された第二燐酸ソーダに不純物のヒ素が混入していたため、1万3000名の乳児がヒ素中毒になり、130名以上が死亡するという大事件になった。1968年には、製造過程の事故で食用油にPCBなどのダイオキシン類が混入し、多くの人や胎児に障害が発生したカネミ油症事件が起こった。

1974年から有吉佐和子著『複合汚染』が朝日新聞に連載された。農薬、添加物などの危険性、そして複数の化学物質を同時に摂取すると、個々の化学物質の毒性から予測できないほど大きな毒性が現れる可能性を警告する内容で、これがタイトルの由来である。食品添加物については、そもそも身体にまったく影響がないしきい値以下の量しか使用していないので、複数を同時に摂取してもそのような可能性がないことを食品安全委員会などが明らかにし、だからその使用が許可されているのだが、複合汚染という考え方は社会に大きな影響を与えた。１９８３年には食料の輸入自由化が進行する中で、海外で使用されていた食品添加物が新規に認可されたが、外圧で国は国民の健康を無視したとして反対運動が起こった。また、日本生活協同組合連合会は、１９８５年から独自の基準で着色料や保存料を使用しない運動を始めた。

これらの出来事を受けて添加物の規制は厳しくなった。厚労省の統計によれば、添加物の種類、量、表示等の違反が多少はあるものの、２０００年以後、健康被害は皆無である。被害者が出ていないにもかかわらず消費者の不安が大きい背景にはフェイクニュースがある。巷に氾濫する書籍や週刊誌は「多量なら危険、微量なら無害」という化学物質の用量作用関係の原則を無視して、多量の添加物を実験動物に投与したときの毒性を大きく取り上げ、微量の添加物がヒトで同じ被害を引き起こすように誤解させる意見を述べる評論家を繰り返し登場させて、不安をあおっている。

その後、２００７年に英国食品基準庁は食品の着色料が子供の多動性障害を悪化させるという論文を根拠にして注意情報を出し、大きな話題になった。ところが、２００８年に欧州食品安全庁が、少数の子供にわずかな影響があったからといって、すべての子供に影響があるとはいえないと反論し、２０１０年に英国食品基準庁は試験をやり直して、影響はあるけれど、だからといって着色料を食べないことで多動性障害が治るわけではないという、きわめてあいまいな発表を行った[10]。この出来事もまた添加物に対する不安を大きくした。

学校教育で添加物に対する誤解を広げている深刻な事態が、文部科学省告示「学校給食衛生管理基準」[11]である。そこには「有害若しくは不必要な着色料、保存料、漂白剤、発色剤その他の食品添加物が添加された食品（中略）については使用しないこと」と記載され、教育関係者と保護者が子供に「無添加が安全」という教育を行う根拠になっている。全国の学校でそのような教育が行われている影響で、多くの子供が添加物は危険という先入観を植え付けられ、子供をもつ母親の不安も大きい。

「添加物は危険」という誤解が広がると、これを利用した無添加食品が出てきた。といっても、すべての添加物を排除すると、ほとんどの加工食品はつくれない。そこで、「人工」や「合成」という文字に不安を感じる消費者が多いことに注目して、多くの添加物の中から「人工甘味料」や「合成着色料」だけを使わないなど、一部の添加物だけを使用しない、「いわゆる無添加食品」が多い。消費者アンケートでは、類似の商品があれば「無添加表示」があるほうを購入する消費者が多いことはすでに述べた。添加物を使わないことは食品の安全を守るうえで何の意味もないだけでなく、添加物に対する誤解と無用の不安を広げている現状に対処するため、消費者庁は食品表示基準を改正して「人工」と「合成」の文言を使用しないことにした。また広告などでの「無添加」や「不使用」の文言の使用を厳格化する方向で検討を進めている。

このように、食品添加物に対する不安は、過去の事故の記憶、科学的根拠がない危険情報を繰り返して掲載する週刊誌やネットニュース、そして消費者の誤解を利用した無添加食品など、複合的な要素によるものだが、最も大きな要素は身の回りのどこを見ても「食品添加物は危険」というフェイクニュースが氾濫し、「食品添加物の安全性は高い」という情報がほとんどないという情報のアンバランスと考えられる。

(3)　過剰報道が生んだ恐怖：牛海綿状脳症（BSE）

2001年9月、千葉県でBSEが発見された。感染牛の数は少ないと予測されたこと、病原体は牛肉や牛乳には存在しないこと、病原体が集中する脳やせき髄などの特定部位を除去する安全対策を実施したことから、BSEが人に感染する可能性はないと推測された。発見の翌日、米国同時多発テロが発生し、国民の目は米国に集中し、BSE問題はほとんど忘れられていた。しかし、その週末に放映されたNHKスペシャルによってBSEに対する不安は一気に高まった。番組は英国でBSEに感染した若者の悲惨な姿を大きく取り上げ、牛肉を食べると致死的な病気に感染するという恐怖感を広げた。さらにメディアは連日、BSEの発生を防止できなかった農水省の不手際を大きく報道し、国民の不信が高まった。その結果、たった1頭の感染牛が見つかっただけで海外から驚きの声が上がるほど大きなパニックが起こり、牛肉の消費は激減した。

政府はパニック対策としてEUと同じ30カ月齢以上の食用牛の検査を計画した。牛は生後12カ月以内にBSEに感染するが、検査法の感度が低く、BSEを発見できるのは30カ月をはるかに超えた時期であることがその根拠だった。ところが検査をするなら全部調べるべきという声が広がり、全月齢の全頭検査を実施した。このとき、政府は検査をしても若齢牛のBSEを見逃すことを国民に伝えず、「検査をして安全な牛肉だけを市場に出す」という広報を行った。これが信じられて「全頭検査こそが最重要対策」という誤解が広まった。一部の研究者とメディアも誤解を広げる手助けをしてしまった。その一つは、２１カ月齢と２３カ月齢の２頭の若齢牛を根拠薄弱のままＢＳＥと判定し、「全頭検査のおかげで若齢のＢＳＥを発見できた」と宣伝したことだ。この２頭はＢＳＥではないことが後に判明したのだが、仮にこの２頭がＢＳＥであったとしても、検査が若齢牛のＢＳＥの大部分を見逃す事実は変わらない。また、ＢＳＥ病原体であるプリオンの研究でノーベル賞を受賞した米国の研究者が来日して全頭検査を継続すべきと主張したが、彼自身がＢＳＥ検査薬を開発し、日本に売り込もうとしていた事実を知る人は少なかった。

それから2年後の２００３年、今度はカナダと米国でＢＳＥが発見され、牛肉の輸入が停止した。このとき、日本とは対照的に両国国民は政府の説明を冷静に受け入れ、パニックなどは一切起こらなかった。日本は輸入再開の条件として全頭検査の実施を要求したが、米国は「牛肉の安全は特定部位の除去で十分であり、全頭検査は日本独自の安心対策にすぎない」としてこれを拒否した。これを聞いてメディアも国民も「米国は非科学的で傲慢」と怒り、野党はこの問題を政府攻撃の材料に使い、輸入反対運動が起こり、解決に長期間を要した。またこれを契機にして、全頭検査を実施している国産牛肉は安全だが、検査をしない米国産は危険という風潮ができあがった。結局、米国の圧力を受けた政府は多くの反対を押し切って検査月齢を２０カ月超に変更し、２００５年末に２０カ月以下の米国産牛肉に限って検査なしで輸入を再開した。ただし、消費者の反発を懸念して全都道府県が全頭検査を継続し、国は検査費用を補助するという二重基準が続いた。検査が原則廃止されたのは２０１７年、輸入制限が解除されたのは2019年だった。

全頭検査はパニック対策として効果があったという評価があるが、それは国民を誤解させる手法だった。しかし、政府が国民をだましたことを問題にするメディアも消費者団体もない。多くの消費者が全頭検査を実施していない米国産牛肉を危険と誤解したため輸入再開が遅れ、関連企業が大きな損害を受けたことは風評被害の典型例であるにもかかわらず、このことを問題と考える人もほとんどいない[12),13)]。

3　なぜ誤解が生まれるのか

不安や意見の対立の背景に誤解があることについて述べた。では、なぜそのような誤解が生じるのだろうか。その原因は人間の判断のバイアスであり、そのバイアスを大きくする社会の変化と科学技術の進歩があることについて述べる。

(1)　認知バイアス

人間の判断は直感的であり感情的である。その対極にあるのが論理的判断だが、論理だけで判断することはほとんどない。たとえば暗証番号を忘れたときに、0000から9999まで1万回試してみれば必ず正解に行き着く。しかし現金自動支払機の前でそんなことをする時間はない。普段使っている数字をいくつか試して、直感的に正解に行き着く。自動車を購入しようとしたら条件を慎重に比較するだろうが、最後の決め手は好みである。

直感的判断にはいくつかの特徴がある。その第1は危険情報を無視しないことだ。群れで暮らす動物には見張り役がいて、危険情報を知らせることで全員の命が助かる。危険情報を無視すれば死ぬ確率が高い。こうして危険情報を無視しない遺伝子だけが生き残った。第2の特徴は、利益情報も無視しないことだ。「あそこに行ったら食べ物や水がある」といった利益情報を無視したら、餓死することだろう。第3の特徴は、安全情報を知らせる仕組みがないことだ。また、もし安全情報があっても無視するし、無視しても生命や健康に何の危険もない。

もう一つ特筆すべき点は、信頼している人の判断をそのまま受け入れることだ。狩猟採集時代の昔から、人間は知識と経験が豊富なリーダーのいうとおりに行動して命が助かった。知識も経験もない若者が勝手な行動をしたら死ぬ可能性があった。こうして私たちは自分で重大な決断をすることを避け、信頼できる人の判断に頼ろうとする。信頼する人がいないときには多数の人に従う。多数派の意見は正しいことが多いし、多数派と違うことをする人は仲間外れや馬鹿にされる可能性もあるからだ。信頼できる人を見分けることは、命を守る手段なのである。

これらの特徴が情報のアンバランスをつくる。危険、不安という情報は売れるが、安全、安心という情報は売れない。それがビジネスチャンスになり、巷には無添加食品や無添加化粧品、果ては無添加ドッグフードまでが並ぶ。危険情報が科学的に正しいものであれば歓迎すべきなのだが、ほとんどの場合、科学的根拠がないことが問題である。これらがメディアなどを通じて広まることで、さらに増幅・強化される。

危険情報を流す目的はビジネスだけではない。善意で危険情報を拡散する人もいる。そのような人たちにありがちなのは、自分の先入観に合う情報ばかりを集めて、反対意見には耳を貸さない確証バイアスという心理的な特徴だ。ちなみに、ある行動により危険を逃れたという成功体験がある場合、次に同じ危険に出会ったときに同じ行動をすれば助かる可能性が大きい。成功体験は先入観として記憶に刻まれ、確証バイアスにより強化されるので、仮にそれが間違っていても変えることは難しい。

先入観の典型が倫理観や正義感である。捕鯨をめぐる対立を描いた佐々木芽生監督の映画の『ふたつの正義の物語』という題名が示すように、正義感の対立に妥協や協力はあり得ず、その結末は拒絶しかない。宗教戦争、動物愛護、原発問題、多くの対立の背景に感情と感情の対立、科学と感情の対立、あるいはスノーがいう自然科学と人文科学という二つの文化の対立(4)もあり、ともに「自分こそ正義」と信じる先入観が解決を阻んでいる。このような問題の解決はリスクコミュニケーションだけでは困難であり、政策や教育が必要である。

新型コロナ問題の中で、はしかなどのワクチン接種が減っている。母親が子どもを病院に連れていくリスクを避けたためと考えられるが、そうでなくても副反応を恐れて、ワクチン接種を避ける母親がいる。確率論的には、ワクチンにより病気を予防する効果が副反応の被害よりずっと大きいのだが、もし副反応が出たら母親は自分の責任と考える。すると出てくるのが不作為バイアス、すなわち自分の行為で子供に被害が出ることを避けようとする心理であり、このときにはリスク最適化の考え方は念頭にない。

直感的判断では、一般的には安全情報を無視して危険情報を重視するのだが、これが逆転することがある。それは自分に利益があるときだ。たとえば交通事故による死者が毎年何千人も出ている事実を直視すれば、自動車はただちに禁止すべきだろう。禁止運動がないのは、自動車が多くの人に直接の利益があるからであり、するとリスクが小さく見えてしまうのだ。さらに、自分には悪いことは起こらないと考える楽観バイアスも働く。これは過剰な不安をもつことによる精神的ストレスを避けるための自己防衛反応だが、自動車だけでなく酒もたばこも「自分だけは大丈夫」という楽観バイアスにその存在を支えられている。

２０１１年に北陸３県と神奈川県の焼き肉店６店舗で牛生肉ユッケなどを食べた１８１人が腸管出血性大腸菌Ｏ１１１とＯ１５７による食中毒を発症し、うち５人が死亡した。この大きな事件の影響で生食用牛肉の基準が厳格化された。すると、やはりリスクが高い牛生レバーを提供する店が増えたため、禁止された。すると次に、Ｅ型肝炎などのリスクが高い豚生レバーを提供する店が増えたため、これも禁止になった。食文化などの見地から鶏生肉は禁止されていないが、そのためカンピロバクターやサルモネラによる食中毒は後を絶たない。

生肉はおいしいといって生肉のリスクを無視する、あるいはリスクを知っていても「自分は大丈夫」という根拠がない楽観バイアスのせいで、危険なものを安心と誤解する状況がいまも続いているのだが、その原因は生肉の危険性を伝える情報が少ないこと、逆に「生肉はおいしい」といった危険な情報を伝えるメディアが多いことである。何を食べるのかまで国に指図されたくないという意見もあるが、食中毒について最低限の知識をもつ人が少なくなった状況では規制が必要という意見も多い。

（2）学究科学と規制科学

科学者間の意見の相違が混乱の原因の一つとなることもある。低線量放射線を例にとると、被爆者の調査結果から100ミリシーベルト以下の放射線ががんを生じる確率は小さく、線量との関係はわからないという事実がある。それでは放射線の管理ができないので、「直線しきい値なし（LNT）仮説」すなわち0から100ミリシーベルトの間で線量に比例してがんを生じる確率が増えるという「仮説」を採用し、平常時は1ミリシーベルトを規制値にしている。これは1ミリシーベルトを超えると危険という意味ではなく、これを超えないように放射線を管理しようという目安である。ところが、仮説と証明された事実を混同して、1ミリシーベルトを超えたら危険という誤解が広がり、避難基準の20ミリシーベルトや農作物の管理基準である5ミリシーベルト（当時）は高すぎるという批判が起こり、混乱を招いた。

多くの科学者が従事するのは自然を理解するための学究科学（アカデミックサイエンス）であり、リスク管理の研究を行うのは規制科学（レギュラトリーサイエンス）である。放射能のリスクは量とともに変化し、どこかの線量で安全と危険を分けることは困難である。すると一部の学究科学者は理想論に走り、1ミリシーベルトを規制値にすることを主張する。そして厳しい規制がつくり出す新たなリスクは無視する。一方、規制科学者は現実論に立ってリスクの最適化を目標にする。すなわち緊急時に1ミリシーベルトを規制値にするときわめて多数の避難者が出て、避難死が増えるなどの新たなリスクが発生する。そこで被ばくのリスクと避難のリスクの双方を最小にする「リスク最適化」が重要と考える。国際機関はそのような立場に立って、規制値は20から100ミリシーベルトの間のどこかにすることを提言し、政府は20ミリシーベルトという政治判断を行った。要するに科学は安全を保つことができる線量の範囲を示すだけであり、規制値を決めるのは政治の仕事なのだ。このような例を、ワインバーグは「科学に問うことはできるが、科学は答えることができない」として、トランスサイエンス問題と名づけた[15]。規制値の決定には規制科学と自然科学と人文科学の協力が必要なのだが、それは簡単ではない。筆者が経験した事例を紹介すると、低線量放射線の発がん作用を主張する人たちがもち出した根拠が、北欧のある地域でがん患者が増えたのはチェルノブイリの影響かもしれないという新聞記事だった。自然科学者である筆者の立場からいえば、客観的な科学的事実が感情の争いの妥協点になることを期待しているのだが、査読を経て科学的正当性が認められた論文より、一記者が主観で書いた新聞記事を重視する人たちとの相互理解は難しい。

これに関連して、多くの人も、そしてメディアも、科学論文が出版されるとその内容を無批判に信じてしまう傾向がある。たとえば、多くの論文に基づいて審査し、国がその安全性を認めて使用が許可されている食品添加物や農薬について、さまざまな病気の原因になっている可能性があるという論文が発表されると、その論文のほうが正しく、国の規制は間違っているという話が出てくる。さらに、そのような論文を国の規制機関が取り上げないのは、大企業の圧力のためといった陰謀論までが出てくる。

そもそも、科学の役割は多くの人がもつ疑問に答えを出すことであり、その方法は厳密に決められている。国が認めている食品添加物に健康リスクがあるという仮説をもつのであれば、それを証明する実験を行い、その結果を論文にして、編集委員会の「査読」を受けて、科学雑誌に発表するという手順が必要である。しかし、それで答えが出たわけではなく、そこから次の段階が始まる。それが「検証」である。国が取り上げた多くの論文と違う結果が得られたのはなぜか。それは特別の方法を使ったからであって、一般化できないのではないか。この結果が正しいとして、同じことがヒトでも起こる可能性があるのか。そもそもこの論文の査読は十分に行われたのか。このような疑問点を調べるために、別の研究者が追加の試験を実施する。多くの検証により正しさが証明されれば、研究者の集まりである学会がこれを認めることになる。

こうして、科学の世界は、論文が一つ二つあれば真実がわかるというような簡単な原理では動いていない。多くの検証により不確実性が小さくなった科学が集まって、「科学の体系」がつくられているのだ。そして、食品安全に関する国の規制の基本は「学会が認めた科学」であり、「検証不十分の科学」ではない。しかし、このような科学の世界での常識が理解されず、学会の常識とは違う論文をメディアが大きく報道し、世の中に混乱を起こした例は多い。

(3)　リスクの変化

半世紀前には、食品の安全性は主婦が自分の五感で判断していた。最近は冷凍食品やレトルト食品が増えたのだが、衛生的な製造方法や殺菌法、冷凍などの長期の保存方法や優秀な食品添加物の開発などの成果で、その安全性はきわめて高い。しかし科学技術は、使い方を間違えるとリスクが大きくなる。たとえば、化学物質はある量を超えると、量に比例した健康被害が出る可能性がある。問題は食品中の化学物質の量を五感で判断できないことだ。こうして食品の安全は五感による判断から化学分析に移り、食品の安全を守る役割は家庭の主婦から食品関連事業者と行政に移った。

ヨーロッパにおいて環境と食品安全に対する不安を与えたのが１９８６年のチェルノブイリ原発事故による放射能汚染、そして１９９６年に英国でＢＳＥが人に感染して致死性の変異型ヤコブ病患者が発生したことだった。日本でも２００１年のＢＳＥの発見、２００７年に中国産冷凍餃子食中毒事件、そして２０１１年の原発事故による放射能汚染が大きな不安をよんだ。こうして、放射能、化学物質、新しい病原体など五感では感じないリスクが不安の原因になった。リスクの存在を消費者に知らせるのは科学者であり、リスク管理を実施するのは行政と関連企業だが、国や企業がリスクは小さいと保証しても、それを自分で確認する手段はない。リスク管理者を信頼していればその言葉を受け入れるのだが、そうでない場合には不安は大きくなる。ウルリッヒ・ベックはそのような現在を「リスク社会」とよんでいる[16]。

五感では感じないリスクに対する人々の対応が検査である。たとえば放射能汚染問題の安心対策は検査だった。自治体だけでなく企業や個人までが高価な放射能測定装置を購入して放射線量を測定した。線量と健康被害との関係についての十分な知識なしに測定を行ったため、放射能を可視化することが安心よりむしろ不安につながることも多かったが、自分で確認したいという欲求は強かった。

リスクの受容は時代とともに変わる。１９７８年、英国で世界初の体外受精児が誕生し、日本でも１９８３年に初めて誕生した。この技術は不妊治療の切り札として大きな期待を集める一方、倫理上の問題として反対もあった。日本産婦人科学会は体外受精を公認するとともに、概略次のように解説している[17]。

「生命倫理の概念は、その時代、地域、個人、社会的・職業的立場によって異なる。また医学的な立場のみではなく、総合的な立場から決められるべきで、一概に結論を出すことはできない。」

このコメントのとおり、倫理の概念は時代とともに大きく変わり、現在では体外受精が倫理に反するという意見はほとんどない。人間は新しい技術には不安を抱くものだが、そのメリットを享受すれば不安は小さくなる。GMや添加物に反対がなくならないのは、利用者のメリットが見えにくいためであり、「事業者の利益のために、利用者がリスクを負わされている」という不公平感である。遺伝子操作も、難病治療でその有用性が認められれば、次は高血圧や糖尿病など多くの病気にも使いたいという希望者が増えるだろうし、最後は、ゲノム編集により出生前に病気や障害を予防するところまで、社会が許容するかもしれない。

(4) 情報の変化

メディアの重要な役割は社会にリスクの存在を伝えることである。だからメディアが流すのは圧倒的に危険を伝える情報であることは理解できる。しかし、その内容に間違いがあれば影響は大きい。たとえばBSE全頭検査を安全対策と誤解してこれを支持し、米国にまでその実施を要求したメディアの論調は社会を大きくミスリードした。中国産冷凍食品事件の際には、中国産食品の違反率は国産食品と変わらないことにまったく気がつかず、中国産食品だけ検査率を上げた結果見つかった基準違反を報道して、中国産食品は危険という誤解を広げた。

報道の内容は正しくても、その伝え方がセンセーショナルになりすぎると無用の不安と混乱を広げることになる。たとえば新潟県中越沖地震の影響で柏崎刈羽原発敷地内で微量の放射能を含む水が漏れだしたとき、「放射能漏れ」と大きく報道して、周辺の海水浴場のホテルや民宿の予約がほとんどキャンセルになるという風評被害を引き起こした。BSEが発見された直後、英国でBSEに感染した若者の悲惨な姿を伝えて恐怖感を引き起こし、加えて農水省の不手際を連日大きく報道して不信を招き、これらが大きなパニックにつながった。そのようなときには、米国であれば多額の損害賠償を求められる。日本はまだメディアに対する訴訟は少ないが、だからといって誤解を招く報道は許されることではない。

かつて大手メディアが独占していた情報発信は、SNSの普及によりすべての人の日常の手段になった。ウミガメの鼻に刺さったプラスチックストローの動画が、市場からプラスチックストローを追放するほど、SNSの影響力は強大になった。そこで問題になるのは人目を引くためのフェイクニュースの氾濫であり、これを真実と勘違いする人たちが被害を受ける事態も起こっている。既存のメディアには倫理綱領があり、編集というフィルターが存在し、明らかなフェイクニュースや不適切なニュースが流されない仕組みが不十分ながらも存在した。しかしSNSにはそのような仕組みはない。SNSで情報を発信するのは個人だけではない。反添加物、反農薬、反GM、反原発などを掲げる団体、そしてフェイクニュースを出版し、週刊誌などに売り込むことで生計を立てている評論家もいる。

発信側にはフィルターはないが、受信側は「フィルターバブル」とよばれる仕組みにより受け取る情報を選別されている[18]。検索サイトがユーザーの検索履歴やクリック履歴を解析して、そのユーザーが見たい検索結果を表示し、見たくないと思われる情報を遮断するのだ。こうしてユーザーは知らないうちに異なる意見を目にしないことになり、先入観が強化される。このような状況を利用して、大量のフェイクニュースを流して社会を動かそうとする動きがあった。アラブの春、イスラム国の戦闘員募集、英国のEU離脱運動、米国大統領選、ロシアのクリミア半島併合など、その例といわれるものは多い。

フェイクニュースは、言い方を変えるとポスト・トゥルース（脱真実）でもある。これはOxford英語辞典が選んだ2016年を象徴する言葉で、客観的事実より、虚偽であっても個人の感情に訴える物語のほうが世論に強く影響する状況を指す。たとえば、米国大統領顧問が発言の誤りを指摘されて、「それはもう一つの事実だ（alternative facts）」といったことは有名だ。そのほかにも「あいにく事実なんてものは存在しない」、「多数が信じたことが事実だ」、「事実なんてものをもち出して混乱させるな！」、「それが事実でも、私は信じない」などの言葉がある。これらが意味することは、事実かどうかを判断するのは人々の主観だという「事実」だ。そうであれば客観的な「真実」を知ることが重要になり、これを助けるのが科学である。

フェイクニュースを連発するのはトランプ大統領だけの話ではなく、食品安全の世界でも同じである。ただ食品安全が政治の世界と違うのは、事実の裏側に科学による証明が存在することであり、だから情報の誤りを正確に指摘できる点である。社会に重大な影響を与える可能性があるフェイクニュースはただちにこれを否定することが必要であり、そのような機能を果たすファクトチェック運動が始まってはいるが、まだ不十分である。SNSの爆発的な広がりの陰で既存のメディアの地盤沈下が著しいが、その役割が終わったわけではない。既存のメディアはその全力を挙げて真実を伝え、ファクトチェックを行うべきであり、それが新しい時代のメディアの重要な役割と考える。

(5) 誤解をつくられた遺伝子組換え(GM)作物

誤解が起きる原因をいくつか述べたが、これらの多くが関係する例を挙げよう。GM作物の商業栽培は1996年に始まった。最初に栽培された除草剤耐性GM作物は、文字通り除草剤を散布しても生き残る。これは農業労働を大きく削減するため、世界中に広がった。害虫の食害に遭わないGM作物も広く栽培されている。

1998年に除草剤耐性と害虫抵抗性をもつトウモロコシ「スターリンク」が開発された。GM作物は発売前に国の安全性審査を受けるのだが、とくにアレルギーについては厳しく審査される。スターリンクはアレルギーに関するデータが不足していたため食用には許可にならず、飼料用として栽培が始まった。ところが2000年に米国で、食用のトウモロコシにスターリンクが混入していることを反GM団体が見つけた。スターリンクでアレルギーを起こしたという訴えが出され、これは医学的に否定されたが、米国ではよくある解決法として、開発企業は高額の賠償金で和解した。こうしてGMはアレルギーを起こすという誤解が広がり、反対運動が世界的に広がった。その後、GMはがんを起こすなどのフェイクニュースを伝える映画や書籍がつくられ、それがSNSなどを通じて拡散し、多くの人の常識になってしまった。

農水省はGMに対する誤解を解消する動きを始めたが、2009年に発足した民主党政権が反GMの方針をとり、農水大臣がGM推進運動を止めた。日本は多量のGMを輸入しているが、反対運動のため国内栽培はしないという不思議な状態になっている。そして多くの食品は「遺伝子組換えではない」と表示され、「遺伝子組換え使用」という商品はほとんどない。だからほとんどの消費者はGMを食べていないと信じているのだが、これはまったくの誤解で、5％までの混入であれば「遺伝子組換えではない」と表示できることを知る人は少ない。さらに大豆油や菜種油の多くがGMを原料にし、家畜の飼料として輸入しているトウモロコシの大部分がGMであり、GMなしに日本の食は成り立たないことを知る人も少ない。

2019年に消費者庁は、「遺伝子組換えでない」という表示を行う条件を厳しくして、GMが検出されないものに限ることにした。現実の問題として、非GMだけを分別して輸送しても、1％程度の混入は避けられない。したがって、今後は輸入品については「遺伝子組換えではない」という表示は困難になり、GM作物を栽培していない国産品だけがこのような表示をすることが予想される。

GMと関連して、農薬ラウンドアップもまた同様の被害を受けている。ラウンドアップは毒性が低く、作物にも環境にも蓄積しない優れた除草剤であり、世界中で広く利用されている。また、前述の除草剤耐性GMはラウンドアップに耐性をもつ。そこで海外の反GM団体が農薬に対する不安を反GMに利用する作戦をとった。「ラウンドアップは危険」ということにすれば、ラウンドアップとGMの両方を一緒に排除できるという戦略である。ラウンドアップの安全性に疑問をもたせるために登場したのが異端の科学者である。

2012年に反GM派として有名なフランスのセラリーニ教授が「ラウンドアップはラットの乳がんを増やす」という論文を発表し、多くのメディアがこれを報道して不安が広がった。しかし発がん性がないことはすでに多くの論文で科学的に証明されている。世界の研究者がこの論文を検証した結果、科学的な誤りがあることがわかり、この論文は取り消された。するとセラリーニ教授は、ラウンドアップの発売元であるモンサント社の圧力でこのような措置がとられたと主張し、別の雑誌がこの論文を再録した。反GM団体は現在もこの論文を根拠にして、ラウンドアップもGMも危険と主張している。

2015年に国際がん研究機関（IARC）が、ラウンドアップを「ヒトに対しておそらく発がん性がある」グループ2Aに分類した。ちなみにIARCは同じ2015年に赤身肉もグループ2Aに分類して、日本でも話題になった。赤身肉とがんの関係はこれまでも指摘されていたのだが、ラウンドアップについては多くの論文で発がん性が否定されている。IARCの判断に対して、内閣府食品安全委員会など世界の研究機関が間違いを指摘しているのだが、その影響は大きかった。2018年以後カリフォルニア州でラウンドアップを使用したためがんになったという訴えが4件あり、有能な弁護士が、一般から選任された陪審員の感情に訴える作戦をとり、これが成功して企業はきわめて高額の懲罰的賠償を命じられた。判決は「ラウンドアップが原因でがんになった」と認めたのではなく、「ラウンドアップに発がん性がある可能性を知りながら、それを伝えなかった」ことを有罪としたものだった。米国の裁判制度が生み出した訴訟ビジネスの結果であり、同様の訴訟が12万5000件起こされている。その影響もあってモンサント社は、その後、ドイツのバイエル社に合併された。

日本でも、民主党政権時代の元農水大臣がラウンドアップ反対運動を展開して誤解を広げている。そんな影響もあって、ラウンドアップを使用すると農産物が売れなくなるという理由でその使用を自粛する農家が増えている。

この流れを変える判決が2020年6月に出された。カリフォルニア州はラウンドアップの表示に「発がん性がある」と記載することを義務化しているのだが、発売元のバイエル社と農民団体がその撤回を求めて提訴していた。これに対して、米連邦控訴裁判所は、ラウンドアップに発がん性はないとして、発がん性の警告表示を禁止する判決を出したのだ。裁判にやっと科学が取り入れられたのだ。

同じ6月、バイエル社が原告に総額約1兆円という高額の賠償金を支払うことで和解が成立して、ほぼすべての告訴が取り下げられることになった。和解の条件は、ラウンドアップの発がん性やバイエル社の不正行為を認めたのではないということであり、これでラウンドアップ騒動は決着の方向に大きく動いた。

4　誤解が招いた停滞

人間の判断が直感的、本能的である以上、誤解が生まれることは避けようがない。そして、誤解がもたらす弊害は、消費者に不安を生じさせることに留まらない。ここでは誤解の影響で、有用な技術にもかかわらず活用されない例や、製品が不当な評価を受けてしまった例について述べる。

(1)「悪者」にされた農薬

農薬とは、農作物を害する菌、線虫、ダニ、昆虫、ねずみなどの防除に用いられる殺菌剤、殺虫剤、除草剤などである。農薬により農産物の被害が軽減し、大幅な収穫量の増加と労働量の削減が可能になった。かつては毒性が強い農薬が使用され、自殺や犯罪に使用された歴史がある。また大量の農薬を散布することで生態系に大きな影響を与え、1962年に出版されたレイチェル・カーソン著『沈黙の春』は、環境に対する深刻な影響を訴えて社会に大きな影響を与えた。そのような経験を踏まえて、現在は厳しい規制により毒性がきわめて小さく、作物や土壌に残留しないものだけが農薬として許可されている[19]。

アンケート調査によれば残留農薬に対する不安は大きいが、それは「聞かれて出てくる不安」であることはすでに述べた。農薬に対する不安の一つの表れが、２００６年に議員立法された有機農業の推進に関する法律である。法律の目的は「消費者の安全かつ良質な農産物に対する需要が増大していることを踏まえ、有機農業がこのような需要に対応した農産物の供給に資するものであることにかんがみ、（中略）消費者が容易に有機農業により生産される農産物を入手できるようにすること」であり、有機農業とは「化学的に合成された肥料及び農薬を使用しないこと並びに遺伝子組換え技術を利用しないことを基本」とする農業である。要するに、化学肥料、農薬、遺伝子組換えを利用したものは安全かつ優良な農産物ではないと規定している。

この法律に基づいて国は有機農業の拡大を図っているが、現在、全耕地面積に占める有機農業の面積の割合は０・４％程度しかない。国はこれを１％程度まで増やすことを目標にしているが、その目途は立っていない。その理由は、農薬を使用しないと農産物の質と量を確保するのが難しいこと、そして消費者の支持がないことである。米国ではオーガニックの人気が高いといわれるが、それでもオーガニック市場は食品全体の５％程度であり、一部の健康志向が高い人のための商品といえる。もちろん、農薬や化学肥料の使いすぎが環境に悪影響を与えることは明らかであり、慎重な使用が求められるのだが、だからといって、安全が確認されている化学肥料、農薬、遺伝子組換えが悪者扱いにされ、それらを適正に使用する農業者が批判を浴びるような現状が社会にとって望ましいのか、疑問がもたれる。農薬に対する誤解の形成は、同じ化学物質である食品添加物に対する誤解と重なるところが多い。

（2）「危険」とされた放射線殺菌

食品には食中毒菌、ウイルス、寄生虫卵などのリスクがあり、これを排除するために加熱処理が行われるのだが、加熱は食品の品質と匂いと味を変える。そこで酸化エチレンガスや臭化メチルガスによる殺菌も行われたのだが、前者は発がん性、後者は温暖化問題で使用されなくなり、注目されたのが放射線殺菌である。当初は放射線殺菌により食品の栄養素が損なわれる、発がん性物質が生成する、食品が放射能を帯びるなどの懸念が示されたが、多くの研究から、殺菌に使用する程度の量であればそのおそれはないことが証明された。

最初に実用化されたのは、加熱により風味が損なわれる香辛料の放射線殺菌であり、世界的に広く行われている。米国では腸管出血性大腸菌O１５７による食中毒対策として食肉の殺菌にも使われている。日本では１９７５年からジャガイモの芽止めに放射線照射が利用されているが、それ以外の利用はない。その理由はもちろん反原爆・反原発運動により放射能に対する恐怖が広がったことであり、放射線殺菌を行った食品の安全性に問題がない点が理解されないことだ。こうして香辛料の放射線殺菌は実施されず、海外から放射線殺菌を行った風味がよい香辛料を入手したくても、国内で許可になっていないため輸入はできない。O１５７食中毒の影響で牛肉の生食が禁止になったときにも放射線殺菌の話題が出たが、これも反対運動で止まった。消費者の利益になる有用な技術なのだが、国にはこれを積極的に推進するという姿勢はなく、消費者の誤解を解く動きもほとんどない。

スマートフォンやインターネットのように、メリットが目に見えるときには人々は新しい技術を即座に受け入れる。しかし放射線殺菌のメリットは簡単には理解できない。多くの人がもつ放射線に対する不安を打ち消すことは簡単ではない。

(3)「可能性」の犠牲になった食用油エコナ

食用油エコナは、1998年に厚労省の審査を経て特定保健用食品（トクホ）として許可になり、体に脂肪が蓄積しにくい油として人気商品になった。他方、当時から一部の科学者の間で、エコナの主成分であるジアシルグリセロールを食用にするとがんになるという誤解があり、念のため確認試験をし、その評価を2005年から食品安全委員会が行うことになった。細胞内にジアシルグリセロールが入ると発がん促進作用を示すことは事実だが、経口摂取したジアシルグリセロールは分解されて細胞内には入らないので、発がん性は考えられない。また動物実験の結果から総合的に見てリスクがないのでトクホに認定されたのだ。これはカルシウムが細胞内では強い毒性を発揮するが、経口摂取したカルシウムはほとんど細胞内に入らないので毒性がないこととよく似ている。にもかかわらず、一部の専門委員の意見で審議が長引いた。

2009年になると、別の問題が起こった。多くの食用油にはグリシドール脂肪酸エステルが含まれているのだが、これが体内で発がん性があるグリシドールに変化する可能性があるという海外情報が入ったのだ。これは単なる注意情報であり、実際にグリシドールに変化することはなかったのだが、エコナには他の食用油より多量のグリシドール脂肪酸エステルが含まれていたため、食品安全委員会の一部の専門委員から「エコナの販売を止めるべき」といった意見が出された。エコナに発がん物質が入っているような間違った報道がされ、消費者団体がトクホの認可取消しと販売の停止を求め、消費者担当大臣がこの問題に緊急に対応する方針を表明するという大きな騒動に発展し、発売元企業はトクホの取り下げと販売の停止に追い込まれた。

２０１４年になって、食品安全委員会はエコナには発がん促進作用がないこと、グリシドール脂肪酸エステルには毒性が認められないことを発表し、エコナの疑いは晴れたのだが、人気商品が復活することはなかった。米国であれば、企業が多額の損害賠償を請求してもおかしくない事例である。

(4) 農業保護の口実になった肥育ホルモン剤

ホルモンは動物体内に存在する天然の物質だが、米国、カナダ、オーストラリアなどでは牛の成長促進のために天然あるいは合成のホルモン剤を投与している。ところがEUは１９８９年に、肥育ホルモンを使用した牛肉には安全性の問題があるとしてその輸入を禁止し、これに対して米国とカナダは世界貿易機関（WTO）に提訴した。WTOは１９９８年にEUの主張には科学的根拠がないと判断したのだが、EUはそれでも輸入禁止を続けたため、１９９９年に米国などはEUからの輸入品に報復関税を課した。そこでEUは肥育ホルモン剤を使っていない輸入牛肉に限って関税をゼロにする措置をとり、米国も報復関税を停止するという政治的な解決が行われた。

米国でも日本でも科学的なリスク評価の結果、もともと生体内にある程度の量のホルモンであればリスクはないことを証明しているのだが、EUは合成と天然のホルモンは違うなどの理由で肥育ホルモン剤は危険と主張している。しかしその本当の理由は、米国などから穀物で育てた柔らかく安価な牛肉が大量に入ってくると、EUの畜産業が成り立たなくなるためといわれている。そして、そのような事情を知らずに、肥育ホルモン剤を使った米国の牛肉は危険と信じている消費者がいる。日本の牛は肥育ホルモン剤を使っていないが、米国、オーストラリアから肥育ホルモン剤を使った牛肉を多量輸入している。そしてネットには、それらの肉の危険性を訴える情報があふれている。

ちなみにEUではGM作物がほとんど栽培されていないが、その理由も多くの消費者がGMを危険と誤解しているからであり、EUが積極的に誤解を解こうとしていないのは、農業保護のために米国などからの安価なGMの輸入を抑えたいという政治的な意図があるためといわれる。自国の産業を守るためにフェイクニュースを流し、それによって世論がつくられ、その世論を根拠にして貿易障害を正当化する方法が望ましいとは考えられないが、世論を利用する政治は各国で行われている。振り返ってみると、日本政府もBSE問題で全頭検査に対する誤解を放置して安心対策として利用するだけでなく、米国産牛肉の輸入障壁に使ったのだから、他国だけ責めるわけにはいかない。

5　リスクコミュニケーション――不安を解消するために

リスク管理に関する不安や誤解を解消することがリスクコミュニケーションの目標である。ここではこれまでに行われたリスクコミュニケーションを振り返って、その成功の要件と課題について述べる。

(1) 成功例：福島県産農産物

筆者が知る限りでは、これまでに成功したリスクコミュニケーションはほとんどない。その中で、多少なりともリスクコミュニケーションの成果が出たといわれているのが福島県産農産物の風評被害問題と、BSE問題である。BSE問題の経緯についてはすでに述べたので、ここでは福島県産農産物の風評被害問題について述べる。

2011年に発生した福島第一原発事故により広範な環境汚染が起こり、路地栽培の野菜と牧草が汚染され、それを乳牛が食べて牛乳の汚染が起こり、国は広範な地域の野菜と牛乳の出荷制限を実施した。汚染は放射性ヨウ素とセシウムが中心だったが、放射性ヨウ素は半減期が約8日と短いため短期間で状況は改善した。2種類の放射性セシウムの半減期は約2年および約30年と長いが、汚染した野菜や牧草を除去し、土壌表面を除染した結果、汚染は激減した。平成30年度に実施した農産物1万6708件の検査では、基準値100ベクレル／kgを超えたのは野生の山菜1件と川魚5件だけだった。令和2年5月現在、出荷制限が行われているのは帰還困難地区とその周辺のワサビ、ウメ、クリなど一部の農作物に限られる。

汚染状況が改善して農産物の出荷が始まったのだが、山梨に次いで全国2位の生産量である桃は贈答用が大幅に減って価格は落ち込んだ。コメや牛肉の価格は低いが、安価な原材料を求める外食産業に販路を求め、生産量はほぼ維持している。平成29年度福島県産農産物等流通実態調査[20]によれば、ピーマン、牛乳、しいたけ、なめこについて「安全性に不安がある」と回答した人は30％以上、コメ、牛肉、桃、梨については10％台、その他の農産物は20％台で、平均して25％である。逆にいえば

75％の人は安全性について納得しているのだが、これは政府と福島県を中心に実施した大規模なリスクコミュニケーションの成果といえよう。明るいニュースは、一時は壊滅状態だった伊達市近隣の名産品あんぽ柿が復活し、海外への輸出再開の話が進んでいること、そして福島県の日本酒が全国新酒鑑評会で22の金賞を獲得し、7年連続日本一になったことだ。リスクコミュニケーションの努力に加えて、品質が高ければ認められ、風評を跳ね返せることを示した例であろう。

（2）失敗例：新型コロナ問題

2020年1月、武漢で感染拡大を起こした新型コロナが日本に上陸し、政府はこれを感染症法上2番目に重大な2類扱いにし、厚労省は感染症の専門家会議を設置した。感染第1波は4月初旬、第2波は8月初旬にピークを迎え、10月初旬までの感染者総数は約8万5000人、死者は1600人弱である。

感染症対策は専門家会議が担当し、「3密防止」や「外出8割削減」などの方針を打ち出すとともに、医療崩壊の危機を訴えるなどのリスクコミュニケーションも実施した。それは国民に恐怖心を植え付ける内容で、その典型は厚労省クラスター対策班による「対策ゼロなら死者約42万人」という発表である。メディアもこれに同調した結果、国民の間に恐怖が浸透した。感染症のリスク管理には国民の全面的な協力が必要である。そして最も安易な方法は、恐怖と不安をあおることで協力させる手段である。しかしその副作用は大きかった。恐怖と不安は自衛本能を呼び覚まし、感染の可能性をすべて排除しようとするゼロリスクの対応に走る。その結果、マスクや消毒液の奪い合いに始まり、感染者への差別、医療関係者への差別、県外ナンバーの車への投石などが起こり、「自粛警察」まで出現した。そして、そのような行動により社会も経済も大きな被害を受けることに対する配慮は、多くの人の念頭から消えた。

もう一つの問題は2類相当感染症に指定したことで、そのために感染者の大部分を占める軽症や無症状者までが限られた数の指定病院に入院させられ、医療関係者は完全防護体制でその治療にあたり、医療崩壊が現実の問題になった。緊急事態宣言の結果、外出自粛、営業自粛、休校などが実施されて社会生活も経済活動もきわめて大きな影響を受け、政府は国民全員に10万円を給付し、企業には補助金を出すことにしたが、失業保険の受給者は50万人を超えた。

リスク管理の原点はリスクの大きさを見極めることだが、じつは早い時点から、新型コロナは感染力も重症度もインフルエンザとほぼ同等と考えられていた。ちなみにインフルエンザの感染者は年間1000万人、死者は関連死を入れると1万人で、ともに新型コロナの数字よりずっと多い。リスクの大きさが同等であれば、インフルエンザと同じ5類に分類し、対策も同等にすべきであり、そうすれば混乱のほとんどすべてを避けることができたはずだ。

感染症対策と、それが社会や経済にもたらす悪影響とのバランスを考えるリスク最適化に失敗した原因の一つは情報である。世界保健機関（WHO）は、新型コロナは真偽取り混ぜた情報の氾濫を引き起こし、人々は判断ができなくなっていると述べ、これをインフォメーション（情報）とパンデミック（世界的感染症流行）を合体した「インフォデミック」、すなわち「世界的情報感染」とよんだ。人々は情報感染により、新型コロナを恐怖の感染症と思い込んでしまったのだ[21]。

政府の対応を見ると、国民が新型コロナを恐怖の感染症と誤解していた時点では2類指定も仕方がなかったが、その社会への大きな影響を考えて緊急事態宣言には消極的だった。しかし実施を求める専門家会議と世論に押し切られた。読売新聞の調査では、宣言を評価する人が83％、発令が遅かったとする人が81％で[22)]、野党も「遅すぎた」と批判した。ここでも情報感染が広がっていたのだ。医療専門家は患者個人の命を救うことを理念とし、政府は国民全体の福祉を考えるという立場の違いがある。専門家会議は感染のリスク評価に徹し、感染対策と経済対策のリスク最適化は政府が行うべきだったのだが、実態は専門家会議の主導下で過剰な感染症対策に終始した。その裏側では経済対策にも配慮する政府との間で意見の亀裂が広がり、6月末の記者会見において専門家会議は自らが政策決定を行っていたことを反省し、政府は専門家会議を廃止して新たな組織を作った。専門家会議は与えられた任務を十分に果たしたのだが、その提言を受けて大局観に基づく政策を実行し、国民の理解と同意を得るためのリスクコミュニケーションを実施するという責任を政府が果たさなかったことが、このような結果を招いた。

(3)　成功の要件

リスクコミュニケーションの成功例が少ない一つの理由は、情報の量と質を確保することの難しさである。不安と誤解は情報により生まれるのだが、誤解を広げるフェイクニュースは日々新たに発信され、シェアされて広がっていく。これに比べてリスク管理者が行う情報発信量は微々たるもので、シェアされることはほとんどない。この壁を破ろうと努力したのが福島県産農産物問題である。国と県が前面に出て精力的なリスクコミュニケーションを展開し、タレントを使って人目を惹く番組を制作するなど、フェイクニュースを打ち消すための情報が多量に流された。こうして科学的に正しい情報の量が増えたことと、時間の経過とともに新たなフェイクニュースが減ったことにより、情報のアンバランスが解消した。

他方、アンケート調査で不安という答えが多い食品添加物、残留農薬、GM作物については、一部評論家や職業的反対組織が週刊誌などと組んでフェイクニュースの発信を続け、その量が減ることはない。これらの問題についても国や県が関与するリスクコミュニケーションが実施されてはいるが、その規模や回数はそれほど多くなく、十分な成果は出ていない。

福島県産農産物の復活はリスクコミュニケーションの成果だけではない。リスクコミュニケーションの成功を支援する要因に時間がある。事件や事故の直後は多量のフェイクニュースが発信されて不安や誤解が広がるが、それは時間とともに少なくなる。福島県産農産物もそのような経過をたどった。その結果、悪い評判の忘却が進んだことがリスクコミュニケーションの効果を高めた。他方、添加物やGMに対する誤解が消えないのは新たなフェイクニュースが継続的に発出されて忘却を妨げ、リスクコミュニケーションの効果を低下させているためである。リスクコミュニケーションは精力的に継続する必要があるが、その成果が目に見えるようになるまでに時間がかかることが多いのだ。

(4)　安心＝安全＋信頼

不安の反対は「安心」だが、これについては「安心＝安全＋信頼」という公式がある。これまでに述べてきたさまざまな不安の背景は、リスク管理者に対する不信がある。信頼できないリスク管理者がいくら安全を主張しても不安が消えることはない。しかし、もし信頼があれば、そもそも不安になることはないのである。

したがって、リスクコミュニケーションの成功のためにはリスクコミュニケーション担当者の信頼度が重要な条件になるのだが、多くの場合、反対派はリスクコミュニケーション担当者の信頼を失わせる宣伝活動を行う。それがレッテル貼りあるいは印象操作とよばれるものであり、特に科学的な論争で勝ち目がない場合、本題とは無関係な個人の過去の言動や行動を取り上げて、相手に対する不信を広げようとする。よく使われるのが「御用学者」とか「政府の手先」というレッテルであり、福島県産農産物の安全性を訴える側にはそのようなレッテルが貼られた。政府のために働くことが悪評になるのは政府の信頼が低いということであり、それは解決すべき大きな問題ではあるが、レッテル貼りは社会で広く行われている行為であり、その対応は丁寧な説明しかない。

リスクコミュニケーションは事実を隠さずに伝えることが重要なのだが、そのことが問題を起こすことがある。たとえば学校給食衛生管理基準の「有害若しくは不必要な（中略）食品添加物が添加された食品（中略）については使用しないこと」という記載について、文科省は「間違っていない」と主張している。確かに、この文面だけを見れば、当たり前の事実が書かれている。しかし学校の給食現場でこの文章を読む人は、食品に「有害若しくは不必要な」添加物が入っているのか判断できない。その場合の解決策はただ一つ、無添加食品を選ぶことである。この基準は確かに事実を述べているのだが、現場でこれを読む人の行動を考えていない。現実に合わない事実を伝えることが混乱を招く典型例である。

ＢＳＥの安全対策として、政府は病原体が含まれる脳やせき髄などの特定部位の除去を実施した。これに加えて安心対策として全頭検査を実施し、検査で安全が確認された牛肉しか市場に出ないと宣伝してパニックが収まった。しかし検査は若牛のＢＳＥを見逃すという事実を国民に知らせなかった。説明したら全頭検査の〝魔法〟が消えてしまうからである。国民を安心させるためなら嘘をついてもいいという前例を作ったのだが、政府を批判する野党もメディアもいない。事実を伝えないことがメリットになった実例ともいえるだろう。このように、どこまで真実を伝えるのか、伝えることによる不安の拡大にどのように対処するのか、不安を抑えるために何が許されるのか、検討すべき課題は多い。しかし、リスクコミュニケーションの原則は「逃げず、隠さず、嘘つかず」、すなわち、責任を認めることから逃げない、事実を隠さない、そして嘘をつかないことである。この原則に照らして、筆者には、全頭検査神話がリスクコミュニケーションの成功例とは考えられない。

最後に、誤解を広げるフェイクニュースへの対応は、フェイクニュースを流す評論家や週刊誌に対抗して科学的に正しい情報の発信とファクトチェックを行うこと、そして被害があるときには法的措置も必要なのだが、日々新たな情報が付け加えられるフェイクニュースに対抗するためには、それを上回る量と質の情報発信が必要であり、それを行うためには組織と資金が必要である。その際には、リスク情報を打ち消すメリットの情報発信を増やすことも重要である。その手段としてＳＮＳの利用が必須であり、その方法論の開発が急がれる。

（5）おわりに：3種類の不安

以上、不安の話を紹介したが、自分の周囲を見回すと、私たちは通常、ほとんど不安を感じない平穏な毎日を送っている。そんな私たちを時折襲う不安を3種類に分類できる。一番大きなものは病気やけが、自然災害や原発事故のような不幸な出来事の被害者が感じる現実の不安である。ただしそのような体験は人生の中で数えるほどだろう。

2番目はどこかで起こった事件や事故の報道によって引き起こされる仮想体験の不安である。英国で人に感染したというBSEが日本で見つかった、中国産冷凍餃子を食べた人が食中毒を起こしたなどのニュースが繰り返し報道されると、自分にも悪いことが起こりそうな気がして不安になり、牛肉や中国産食品を買うのはやめておこうという気持ちになる。このような大きな事件や事故が起こる確率もそれほど多くはない。

3番目は知識レベルの不安である。添加物やGMが危険という意見がメディアを通じて拡散し、多くの人の知識の中に不安が蓄積している。その原因物質は化学物質や放射性物質など、その存在を五感では感知できないものであり、だから確認の手段は情報しかない。そして情報の多くが、不適切で誤解を招くものであることが不安を広げている。それはアンケートで聞かれたときには思い出すが、買い物のときにはほとんど出てこない「聞かれて出てくる不安」であり、多くの人の心の中に存在する。そして時には、消費行動にも影響する。

仮想体験の不安と「聞かれて出てくる不安」は情報により生まれるものである。不適切な報道やフェイクニュースにより無用の不安が引き起こされた例がきわめて多いことから、リスクコミュニケーションの最も重要な課題はフェイクニュース対策といえる。その一環として、日常的なファクトチェックを実施することが必要である。さらに、科学教育とリスク教育の充実により、リスク最適化を理解し、非科学的な情報に惑わされない素養を育てることも重要である。

参考文献

1）内閣府「平成３０年度国民生活に関する世論調査」（https://survey.gov-online.go.jp/h30/h30-life/index.html）
2）食品安全委員会「平成３０年度食品安全モニター課題報告 食品の安全性に関する意識等について」（https://www.fsc.go.jp/monitor/monitor_report.data/30kadai-gaiyou.pdf）
3）厚生労働省食中毒統計資料（https://www.mhlw.go.jp/stf/seisakunitsuite/bunya/kenkou_iryou/shokuhin/syokuchu/04.html）
4）S・フロイト（井村恒郎ほか訳）（１９７０）『フロイト著作集６』、人文書院、「制止、症状、不安」
5）農林水産省ＨＰ（http://www.maff.go.jp/j/jas/jas_kikaku/attach/pdf/yuuki-112.pdf）
6）消費者庁「平成２８年　消費者に対する調査について」（https://www.caa.go.jp/policies/policy/food_labeling/other/pdf/160331_shiryou1.pdf）
7）唐木英明（２０１４）『不安の構造―リスクを管理する方法』、エネルギーフォーラム新書
8）消費者庁「平成２９年度食品表示に関する消費者意向調査報告」（https://www.caa.go.jp/policies/policy/food_labeling/information/research/2017/pdf/information_research_2017_180531_0002.pdf）
9）公益財団法人食の安全・安心財団「中国からの輸入食品は危険であるとする記事について」（http://anan-zaidan.or.jp/column/china6.pdf）
10）Food Standard Agency（https://www.food.gov.uk/research/national-diet-and-nutrition-survey/chronic-and-acute-effects-ofartificial-colours-and-preservatives-on-childrens-behaviour）

11) 文部科学省告示「学校給食衛生管理基準」(http://www.mext.go.jp/b_menu/hakusho/nc/__icsFiles/afieldfile/2009/09/10/1283821_1.pdf)
12) 唐木英明編著（２０１９）『証言ＢＳＥ問題の真実』、さきたま出版会
13) 唐木英明（２０１０）『牛肉安全宣言』、ＰＨＰ研究所
14) Ｃ・Ｐ・スノー（松井巻之助訳）（２０１１）『二つの文化と科学革命』、みすず書房
15) A.M. Weinberg(1972), “Science and Trans-Science”, Minerva. 10 (2): 209–222 (1972) (doi:10.1007/BF01682418. ISSN 0026-4695)
16) Ｕ・ベック（東廉・伊藤美登里訳）（１９９８）『危険社会』、叢書・ウニベルシタス６０９、法政大学出版局（原題は「リスク社会」）
17) 日本産科婦人科学会会告「体外受精・胚移植」に関する見解」及び「「非配偶者間人工「授精と精子提供に関する見解」(https://www.mhlw.go.jp/shingi/2003/01/s0109-2i.html)
18) Ｅ・パリサー（井口耕二訳）（２０１６）『フィルターバブル―インターネットが隠していること』、ハヤカワ文庫ＮＦ
19) 農林水産省「農薬の基礎知識」(http://www.maff.go.jp/j/nouyaku/n_tisiki/tisiki.html)
20) 平成２９年度福島県産農産物等流通実態調査（http://www.maff.go.jp/j/shokusan/ryutu/180328.html)
21) 唐木英明「新型コロナは『恐怖の感染症』ではない」、朝日新聞「論座」、２０２０年８月３１日
22) 読売新聞（https://www.yomiuri.co.jp/election/yoron-chosa/20200413-OYT1T50144/)

4章　コミュニケーションのすれ違いをどう理解するか

平川秀幸

現代社会において、科学技術はきわめて大きな存在となっている。それが生み出す多種多様な知識や技術製品、技術プロセスなしには社会の営みも私たちの暮らしも成り立たない。しかし、その反面で科学技術が社会にもたらす成果にはさまざまな問題も伴っている。そして、それらの問題を解明し、解決するためにも、科学技術の力は欠かせない。

その点で重要となるのが科学技術をめぐるコミュニケーションであるが、そこでは、しばしばすれ違いや対立が生じる。本章では、「科学技術コミュニケーションのすれ違いをどう理解するか」を基本的な問いとして、科学技術コミュニケーションのうち、とくにすれ違いの起きやすいリスクコミュニケーションの事例を中心に論じていく。そのうえでさらに、そうした理解に基づいて、どのように実際のコミュニケーションをデザインしたらよいのか、その指針となるポイントを示してみたい。

1　科学技術コミュニケーションと科学者・技術者の社会的責任

(1)　三つの責任：科学者・技術者にいま求められていること

科学技術コミュニケーションについて語るうえで、まずは、科学者・技術者の担う責任について考えておきたい。科学技術が欠かせない存在となった現代において、その研究や開発を担う科学者や技術者(以下、必要なとき以外は「科学者」と一括する）は、個人としても集団や組織としても、社会に対する特段の責任を負っていることは論を俟たないだろう。では、その責任とはどのようなものだろうか。近年は、実験データのねつ造や改ざんなど研究不正が頻繁になっており、文部科学省では、２００６年に同省の科学技術・学術審議会研究活動の不正行為に関する特別委員会がまとめた「研究活動の不正行為への対応のガイドラインについて―研究活動の不正行為に関する特別委員会報告書―」を見直し、２０１４年に新たに「研究活動における不正行為への対応等に関するガイドライン」（文部科学大臣決定）を定め、大学や研究機関でも研究倫理の教育・指導が徹底されるようになっている。このような研究倫理の遵守も、科学者が担うべき社会的責任の一つだが、ほかにもさまざまある。

藤垣[1]によれば、科学者の社会的責任には次の三つの相がある。

第１相：責任ある研究の実施（Responsible Conduct of Research）

第２相：責任ある生産物（Responsible Products）に関する製造物責任

第３相：応答責任（Response Ability）

第１相は、科学者共同体内部を律する責任であり、研究の自主管理と研究の自由に関連している。研究の自由と自主性を守るためには、まずは自らを内部から律し、社会からの信頼を得る必要があるからだ。上記のような実験データのねつ造や改ざん、他者の論文からの剽窃など研究不正を行わないなど、研究公正の遵守がこれにあたる。

第２相の「製造物責任」とは、科学者やその共同体が生み出し、またこれから生み出そうとしている知識や技術が社会に及ぼす影響に対する責任である。人間や自然環境の安全を脅かすリスクや倫理問題など社会的問題をできる限り低減し、社会・人間にとって望ましいものを生み出す責任だ。

そして、これら二つの責任を十分に果たすためにも重要なのが、第3相の、市民からの問いかけに応える「応答責任」、あるいは「応答する能力（response-ability）」である。藤垣によれば、これには次のような責任／能力が含まれる。

①市民からの「この研究は社会に出ていったとき、どのような形で社会に埋め込まれるのですか」という問いへの応答責任（社会リテラシー）

②「この研究は何の役にたつのですか」という問いへの応答責任（説明責任）

③「それはどういう意味ですか」という問いへの応答責任（わかりやすく伝える責任）

④「米国からの牛肉輸入再開にあたって狂牛病の危険を抑えるためにはどのような判断基準が適正ですか」という問いへの応答責任（意思決定に用いられる科学の責任）

⑤「あの報道に用いられた科学の根拠は適正ですか」という問いへの応答責任（報道に用いられる科学の責任）

（2）責任を果たすために必要なこと：科学技術コミュニケーションをいかに理解し、デザインするか

このような社会的責任、とりわけ第3相の応答責任を果たしていくために欠かせないのが、科学技術をめぐるコミュニケーションの取り組みだ。後に述べるように（4節（3））、科学技術コミュニケーションにはさまざまな目的があるが、中でも重要なのは、専門家や行政、企業関係者だけでなく、広くは一般の市民まで含めた社会の多様なアクターの間の対話や共考、協働を中心とする包摂的（inclusive）で

共創的なコミュニケーションである。

包摂的・共創的なコミュニケーションは、近年では「責任ある研究・イノベーション（ＲＲＩ：Responsible Research and Innovation）」とよばれる取り組みでも重視されている。欧州連合では、２０１４年から始まった7カ年の科学技術振興計画 Horizon 2020 で重点的推進課題の一つにもなっており、この方針は次期計画 Horizon Europe でも踏襲される見込みである。Ｊ・スティルゴーらはＲＲＩを次の四つの次元で特徴づけている[2]。

①イノベーションの意図的／非意図的な帰結に対して「予見的であること（anticipatory）」

②イノベーションの前提にある目的、動機、潜在的なインパクト、既知と未知、不確実性、リスク、無知、仮定、問題、ジレンマに対して「反省的であること（reflexive）」

③イノベーションのヴィジョンや目的、問題、ジレンマ等について、一般市民や多様なステークホルダーの幅広いパースペクティヴを取り入れた「熟議的（deliberative）」なプロセスであること

④これらのプロセスを通じてイノベーションの方向を定めるような「応答的（responsive）」なプロセスであること

日本でも同様の考え方の「共創的科学技術イノベーション」の推進が第５期科学技術基本計画（２０１６〜２０２０年度）にうたわれており、「今後は、アウトリーチ活動の充実のみならず、科学技術イノベーションと社会との問題について、研究者自身が社会に向き合うとともに、多様なステークホルダーが双方向で対話・協働し、それらを政策形成や知識創造へと結び付ける『共創』を推進すること

が重要である」としている。

こうした包摂的・共創的なコミュニケーションを実現していくうえで重要となるのが、科学技術コミュニケーションの「すれ違い」をどのように理解するかという問題である。科学技術をめぐるコミュニケーションでは、しばしばすれ違いや対立が生じる。最も生じやすいのは、健康被害のリスクなど社会に不利益がもたらされるおそれ（リスク）があり、人々の間に不安が広がっているようなリスクコミュニケーションの場面である。被害が深刻で、かつ、自分や家族など身近な者が被害に遭う可能性がある場合には、特にそうだ。また、実際に被害が生じる可能性に科学的にはっきりした裏づけは必ずしも必要ない。逆に、安全であるということに科学的な裏づけがあっても、その妥当性について科学者の間でも異論がある場合には不安は大きくなるし、仮に安全性についてほとんど異論がない場合でも、そのことが受け入れられず、不安が解消されないこともある。そこにはさまざまな心理的・社会的な要因が絡んでおり、コミュニケーションは一筋縄ではいかない。そのような複雑な科学技術コミュニケーションをどのように理解するかは、社会・人間と科学技術の発展・共進化を有益なものにしていくために不可欠なものである。

2　コミュニケーションのすれ違いをどう理解するか

(1)　欠如モデルを超えて：フレーミングの多義性に目を向ける

科学技術コミュニケーションのすれ違いを生む原因としてしばしば見受けられるものの一つに「欠如モデル（deficit model）」とよばれる見方がある。「科学技術に対して人々が不安を抱いたり、受け入れに反対したりするのは、その安全性について科学的な理解が欠けているからだ」、「その技術や安全性について正しく理解すれば、自ずと不安や反発は解消される」というもので、リスクコミュニケーションでも、正しい知識や情報をいかにわかりやすく人々に伝え、理解してもらうかが主眼となりやすい。もちろん欠如モデルは一面で真実を示している。人は誰しも、知らないがゆえに不安にかられることはいくらでもある。しかし、この見方が当てはまる場合でも、「正しい知識や情報をわかりやすく伝える」というだけでは、人々の不安や反発は必ずしも解消されない。コミュニケーションで主題とされるべき問題は、科学知識の有無とは別のところにあることが多いからだ。

このような科学技術コミュニケーションの実情を理解するために、ここでは、科学技術のリスクの問題を例に、「フレーミング（framing）の多義性」ということについて説明しよう。ここでフレーミングとは、ある問題を、どのような知識や観点によって認識し定義するかという問題認識の仕方、問題の切り口であり[3),4),5),(注1)]、それが多義的であるとは、同一の問題であっても、個人や集団によってさまざまな問題認識があるということだ。

科学技術コミュニケーションにおいて、そうしたフレーミングの多義性に着目すること、つまり、問題を多面的に見ることにはとても大きな意義がある。論争になっているテーマでは特にそうだ。たとえばS・ジャザノフは「同じ問題に対する正しい答え方に関する不一致は、そもそも何がその問題の正しいフレーミングなのかに関するより深い不一致を反映している」と述べている[6)]。

(2)　遺伝子組換え作物の問題に見るフレーミングの多義性

ジャザノフのこの主張の意味は、次のような遺伝子組換え(GM)作物の問題をめぐる一般市民の認知についての調査にはっきり見てとれる。

1996年に本格的な商業栽培が始まったGM作物は、世界各地で栽培面積を拡大し、2017年には24カ国で栽培され、43カ国で食品、飼料、加工のために輸入されている[7]。しかしながら、その安全性に対する不安はいまだ大きく、とくに導入から間もない1990年代後半から2000年代前半は、欧州を中心に消費者や環境保護家、小規模農家などによる大きな反対運動があり、欧州連合では、リスク評価やリスク管理など規制体制がより厳しいものに改正されたりもした。

こうしたGM作物に対する反対世論や論争で争点となっていたのはどのような問題だったのだろうか。当然ながら、ヒトの健康や自然環境に対する悪影響のリスクは大きな問題だったが、それだけではなかった。その一端を知るうえで参考となるのが、1998年から1999年にかけて英国、フランス、ドイツ、スペイン、イタリアの5カ国で「一般市民」を対象に行われた「欧州における農業バイオテクノロジーに関する一般市民の認知(PABE：Public Perceptions of Agricultural Biotechnologies in Europe)」[8]という調査の結果だ。ここで一般市民とは、GM作物の研究開発、食品加工、販売、規制にかかわる組織や個人(バイオテクノロジー企業、種子企業、食品企業、政府の規制機関、研究者、政治家など)、GM作物・食品をめぐる社会的論争に参加し発言している組織や個人(研究者、環境NGO、消費者NGO、農業団体など)といった人々(ステークホルダー)以外の人々を指す。PABEでは、上記5カ国の一般市民を対象に、各国それぞれで、11グループ(1グループあたり平均8人)で計

１４回の討論を行ってもらい、そこから彼／彼女らがＧＭ作物についてどんな問題を重視しているかを分析した。それが表１に並ぶ「問い」である。

この結果からただちにわかるのは、健康や環境に対するリスクの問題であっても、人々の関心は、被害の内容や程度、発生確率といった自然科学的な理解を必要とする問題以上に、次のような「社会的・規範的問題」に向けられるということである。必要性や便益に関する問１は、ＧＭ作物の特性に関する科学的・技術的な説明がある程度要るが、たとえば『必要である』とは誰のどんな目的のためなのか、その目的は自分たち

表１　一般市民が遺伝子組換え（ＧＭ）作物に抱く主要な疑問

問１	なぜGM作物が必要なのか？　その便益は何か？
問２	GM作物を利用することで誰が利益を得るのか？
問３	GM作物の開発は誰がどのように決定したのか？
問４	GM食品が商業化される前に、なぜ私たちはもっとよい情報を与えられなかったのか？
問５	なぜ私たちは、GM製品を買うか買わないかを選ぶもっと効果的な手段を与えられていないのか？
問６	規制当局は、GM開発を進める大企業を効果的に規制するのに十分な権能を備えているのか？
問７	規制当局による管理は有効に運用できるのか？
問８	リスクは真剣に評価されているのか？　誰がどのようにそれを行っているのか？
問９	長期的な潜在的影響は評価されているのか、それはどのようにしてか？
問10	解消できない不確実性や無知は、意思決定の中でどのように考慮されているのか？
問11	予見されない有害な影響が生じた場合の救済策にはどんな計画が立てられているのか？
問12	予見されなかった被害が生じたときには誰が責任を負うのか、どうやって責任を取るのか？

にとって支持できるものなのか」など、科学や技術を超えた問いも含まれている。以下も、受益者は誰なのか（問2）、意思決定の正統性（問3）、知る権利や選択の権利の保障（問4、5）、規制当局の管理能力（問6、7）、リスク評価者の能力や信頼性（問8）、リスク評価項目や不確実性についての配慮の十分さ（問9、10）、被害発生時の救済策や責任のあり方（問11、12）に関する社会的な事実認識や、個人の権利や意思決定はどうあるべきかに関する価値判断を伴う社会的・規範的な問いが並んでいる。

3　低線量被ばくのリスクコミュニケーションにおける「リスク比較」の教訓

リスク問題のフレーミングの多義性に着目することの重要性を示すもう一つの教訓的事例として、2011年3月の東京電力福島第一原子力発電所の事故以降の低線量被ばくのリスクコミュニケーションに見られる問題を見てみよう。このリスクコミュニケーションの困難はさまざまあるが、ここでは特に「リスク比較（risk comparison）」の問題を取り上げる。

(1)「怒り」を買ったリスク比較

リスク比較とは、人々にとってなじみのないリスクの大きさ（発生確率）を既知のリスクと比較することで、直観的に理解しやすくする便利な説明法だ。福島第一原発事故でも、低線量被ばくの健康影響というなじみのないリスクについてわかりやすく説明するために、レントゲン検査や喫煙、生活習慣病などのリスクとの比較がもち出された。その説明は確かにわかりやすいものだったが、Twitter などインターネットのSNSでは嫌悪感や怒りを示した人も少なくなかった。

事故後に福島県で東京大学の研究グループが行った調査で、リスク比較に対する人々の受け止め方について興味深い結果がある[9]。調査対象となったのは、地域での放射線に関するリスクコミュニケーターの候補である郡山市の保健師、学校職員、健康づくり推進員、食生活改善推進員の計151名で、放射線に関する情報提供を行った経験の有無、情報提供において困難になっているのは何か、困難になっていることの対処法を明らかにすることが目的だった。その一環としてリスク比較について、「放射線被ばくのリスクを、喫煙などの、ほかの生活習慣によるリスクと比べて説明をすることがあります。このことについてどのように思いますか？」と尋ね、「理解の助けになるかどうか」と「嫌悪感を感じるかどうか」をそれぞれ4件法でアンケート調査を行った。その結果、理解度に関しては、全体として、理解の助けになる群（理解の助けになる＋少し理解の助けになる）は85・5％だったが、嫌悪感については、嫌悪感がある群（嫌悪感がある＋少し嫌悪感がある）が40・7％だった。これは決して少ない割合ではない。

それでは、なぜリスク比較による説明は嫌悪感を抱かせてしまったのだろうか。調査ではその理由を自由記述した結果が示されている。特徴的なものを分類すると、嫌悪感の理由は、おおむね次の5タイプに分けられる（括弧内は解答例）。

①自己選択や自己制御の有無に関するもの（「喫煙は自分で選択して喫煙している。しかし、放射線は望んで自ら選択しているものではない」、「生活習慣は自分で避けることができるが被ばくは避けられない」など）

②「誰にとってのリスクか」に関するもの（「小さな子供がいるのに、生活習慣のリスクと比

べられても意味がない」など）

③「リスクの上乗せ」という認識（「『たいして心配するほどの値ではない』ということのために使用するのだと思うが、いままでの生活にそのぶん上乗せになるかと思うといやだと思う」など）

④「放射線の健康影響に関する科学の不確実性を軽視しているのではないか」という疑い（「解明できていないことをいかにも科学的根拠らしくいうこと」など）

⑤「説明者の意図」についての疑い（「生活習慣と比べることで安心感を得ようとする意図があるとしたら、嫌悪感があります」、「無理やり安心させるようにしているように感じるから」など）

（2）リスク認知の多次元的理解

以上の理由例からわかるのは、リスク比較に対する嫌悪感の理由も、単に「科学知識がないから」といった欠如モデルでは理解できないということだ。必要なのは「リスク認知の多次元的理解」である。

リスク認知とは、リスクの深刻さに関する人々の直感的・主観的な判断であり、専門家が科学的なデータや方法に基づいて見積もった客観的なリスクの大きさとは一般に異なっている。通俗的な理解では、科学的・客観的なリスク評価こそが〝正しい〟認識であり、個人のリスク認知は主観的で感情的な要因によって歪んだ〝間違った〟認識だと考えられがちだ。リスクコミュニケーションでも、そうした認知の歪み（バイアス）を科学的に正しい知識や情報によって矯正することが目指される。

しかしながら、リスク認知が科学的なリスク評価と異なっていても、単なる認知の歪みとはいえない側面もある。リスク認知に関する心理学的研究[10),11)]によれば、リスク認知を左右する要因(リスク特性)には大別して「恐ろしさ因子」と「未知性因子」という2種類の心理的因子がある(注2)。恐ろしさ因子には、制御可能性、自発性、恐ろしさ、世界的な惨事、致死的帰結、公平性、将来世代への影響、削減可能性、増大か減少かといった因子があり、未知性因子には観察可能性、影響の晩発性、新しさ、科学的理解の程度などがある。これらの観点からリスクをどう見ているかに応じて、同じリスクでも個人によって評価が異なり、科学的な評価よりも過大あるいは過小にリスクの程度を評価することが多い。たとえばリスクの原因となる技術その他の過程や状態を自ら制御できる場合よりも、制御できない場合のほうがリスクは大きく認識されるといった傾向がある。

ここで重要なのは、こうしたリスク認知の因子の背景には、個人が何を望ましく思い、何を望ましくないと思うか、どのリスクを受け入れ、どのリスクは拒否するのかを規定するさまざまな価値観があり、その中には基本的人権など社会正義にかかわる社会的・規範的な観念も含まれているということである。そもそも「安全」であるとは、単に「リスクがないこと」ではなく「許容できないリスクがないこと」[12)]であり、許容できるかできないのかの線引きに、それらの価値観や観念がかかわっているのである。このため、たとえばP・D・チョードゥリーとC・E・ハクは、リスク認知の定義を拡張して、「ハザードとその便益に対する人々の信念、態度、判断、感じ方、および社会的・文化的な価値観や傾向」としている[13)]。

実際、たとえば「制御可能性」や「自発性」という因子は、リスクを受容(受忍)するか否かを自ら選択できるかどうかを意味しているが、これは言いかえれば「選択の自由」あるいは「自己決定権」が保障されているかどうかということである。「公平性」は、リスクや便益が社会の中で不公平に分配されていないかどうか、自分たちには便益は少なくリスクばかりといった偏りがないかどうかという正義の問題である。影響の晩発性や科学的解明の不足は、将来、事故の被ばく影響が疑われる病気になっても因果関係が証明できず、賠償も責任者の特定もできないといった不正義の予兆を含意する。人間にとってリスクは、被害の発生確率といった科学的な意味をもつだけでなく、不正義や不道徳の経験でもあり、それゆえに抱く不信や失望、憎しみや怒りという感情や、赦しや贖い、償いという行為の対象なのである。そこには、科学的な合理性とは別の、社会的な合理性あるいは「道理性」があるといえる(注3)14)。

さらに重要なのは、このような社会的・規範的な問題も含めたリスク認知の要因は、しばしば人々の「怒り（アウトレイジ＝outrage）」の感情に強く結び付いていることだ。この点でP・M・サンドマンは、「リスク」を「ハザード」と「アウトレイジ」の組み合わせで考えるモデルを提案している15)。ここで、「ハザード」は科学的に評価された「被害の程度と発生確率」であり、通常の定義でのリスクに相当し、「リスク」はリスク認知に対応する。このモデルを用いていえば、たとえ科学的な面（ハザード）では小さくても、アウトレイジの要因が大きければ、「リスク」は大きく捉えられるということになる。

このような観点から見てみれば、低線量被ばくのリスクコミュニケーションでリスク比較が用いられたことが人々の嫌悪感や怒りを招いた理由は明らかだろう。たとえば東京大学の調査で示された理由のうち、「①自己選択や自己制御の有無に関するもの」は自己決定権の問題であり、事故によって否応なくリスクに直面した人々にとっては、この違いは重大だ。これを無視して定量的尺度のみでリスクを比較してしまうことはアウトレイジの火種になり得る。ほかの理由についても同様だろう。このことは、福島第一原発事故の翌年5月に公表された国際原子力機関（IAEA）の報告書[16)]でも指摘されている。それによれば、リスクは人によって異なる感情的反応や、その結果として異なる認知をもたらすものであるため、リスク比較は効果的でないし、コミュニケーション担当者の信用を失わせるものであるという。特に人々が認知している類似性ではなく、単なる統計的な類似性（発生確率）でのみ比較した場合にそうなることが多く、緊急時の被ばくによる発がんリスクを何かと比較するならば、喫煙による発がんリスクよりも、被ばくを伴う業務に携わる労働者のそれと比較したほうがよいと注意を促している。

(3)　リスク認知の多次元的理解とリスク比較の作法

以上のようにリスク認知を、社会的・規範的要素ないしアウトレイジの次元まで含めて考えるためのモデルとして提言したいのが、図1のようにリスクを「科学の次元」、「個人の次元」、「社会の次元」で考える「リスクの多次元的理解」である。

まず、「科学の次元」は、リスクについて、危害の程度や発生確率など科学的な観点からの認識や判断、感情的反応が含まれる。「個人の次元」には、リスク認知を左右するリスク特性や認知バイアス、ヒューリスティクスなどの「認知心理的要因」のほかに、個人にとって重要な価値や信念、リスクと便益の比較、リスク回避にかかわる費用対効果、収入や就労など生活上の問題、人間関係、精神衛生などさまざまな「個人の事情」に基づく認識や判断、感情的反応が含まれる。そして「社会の次元」には、自分や他者の権利（公平性、自己決定など）の保護の程度・有無、リスクに関連する組織等（政府、企業、専門家など）の社会的責任や信頼性についての認識や判断、感情的反応が含まれる。リスクは、これら三つの次元の認識や判断、感情的反応によって捉えられる。それによって、リスクの受容（受忍）の可否や程度、安心や不安、違和感や怒りといった感情的反応がもたらされ、個人のリスク認知を構成するのである。

なお、以上のような多次元的・複合的なリスク認知についての考え方は、科学的なリスク評価に基づくリスクの説明や、リスク比較という手法が全般的に無効だということを意味しているのではない。リスクの理解や説明で科学の次元は不可欠だ。科学的な理解によって修正すべき認知バイアスはたくさん存在する。

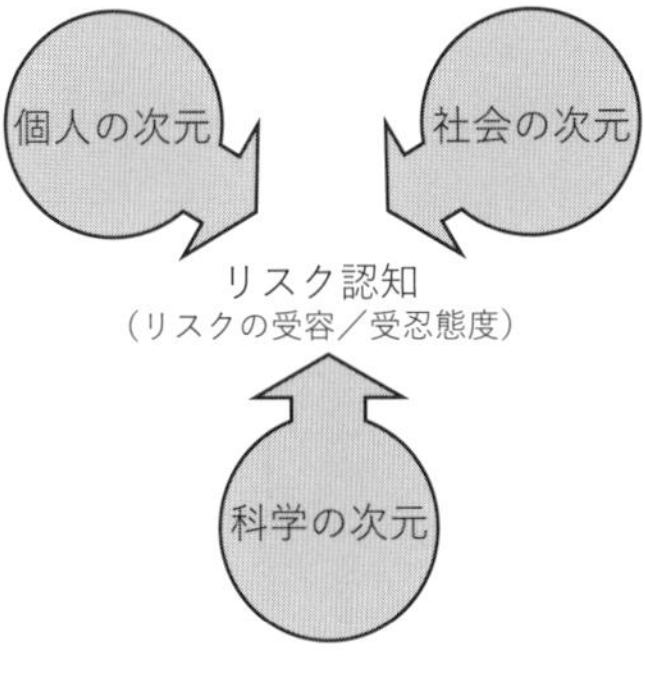

図１　リスクの多次元的理解

しかしながら、科学的説明だけではコミュニケーションは成り立たない。たとえば行政機関が、どんなに丁寧に、科学的に正確なリスクの説明をしたとしても、違和感や怒り、さらには不信感を招いてしまえば、正しい説明だとは受け取ってもらえない。欠如モデルの問題は、個人の次元や社会の次元に配慮することなく、科学の次元だけで説明してしまうことにある。逆にいえば、個人や社会の次元にも配慮しながらの説明や、個人や社会の次元の問題が際立っていないような状況での説明（たとえば原発事故の起きていない「平時」での説明や、選択の自由の侵害などがないリスクについての説明）であれば、リスク比較も含めて、科学的説明は有効になり得る。先に言及したＩＡＥＡの報告書で「喫煙による発がんリスクよりも、被ばくを伴う業務に携わる労働者のそれと比較したほうがよい」とされているのも、そのような事情を反映しているといえる。リスク比較には、それがコミュニケーションの障害とならず、有効な説明方法として機能し得るような〝作法〟が必要だということである。

そのようなリスク比較の作法として参考になるのが、V・T・コヴェロらの研究[17]を基に農林水産省が「健康に関するリスクコミュニケーションの原理と実践の入門書」[18]で示している表2のようなリスク比較の指針だ。

(4)「ゼロリスク志向」との向き合い方

リスクについての多次元的理解に関連して、もう一つ、リスクコミュニケーションにおいて留意が必要な問題として「ゼロリスク志向」について取り上げておこう。

表2　リスク比較の指針

第1ランク(最も許容される)	•異なる二つの時期に起きた同じリスクの比較 •標準との比較 •同じリスクの異なる推定値の比較
第2ランク(第1ランクに次いで望ましい)	•あることをする場合としない場合のリスクの比較 •同じ問題に対する代替解決手段の比較 •ほかの場所で経験された同じリスクとの比較
第3ランク(第2ランクに次いで望ましい)	•平均的なリスクと、特定の時間または場所における最大のリスクとの比較 •ある有害作用の一つの経路に起因するリスクと、同じ効果を有するすべてのソースに起因するリスクとの比較
第4ランク(かろうじて許容できる)	•費用との比較、費用対リスクの比の比較 •リスクと利益の比較 •職務上起こるリスクと、環境からのリスクの比較 •同じソースに由来する別のリスクとの比較 •病気、疾患、傷害などの、ほかの特定の原因との比較
第5ランク(通常許容できない――格別な注意が必要)	•関係のないリスクの比較(たとえば、喫煙、車の運転、落雷)

ゼロリスク志向とは、非常にわずかなリスクであっても、危険だとして受け入れず、100%の安全を求める傾向のことである。便益がなく、有害なだけのものであれば、危害の原因（ハザード）となる物質や技術等の使用をやめれば、そのリスクはゼロにできるだろう。しかし、社会の中で利用されているものには何らかの便益があり、それを求める限りは、リスクはゼロにはできない。もちろんリスクをできるだけ小さくすることはできるが、そのぶん、便益を減じたり（リスクと便益のトレードオフ）、便益以上にコスト（経済的なコストに限らない）がかかったりする。場合によっては、リスクを低減するための措置が別のリスクを高めることもある（リスクとリスクのトレードオフ）。ゼロリスク志向は、社会にとっても個人にとっても不都合を招くことが多い。

しかしながらゼロリスク志向には、不合理な性向と断じきれない側面もある。たとえば「便益を求める限りはゼロリスクにはできない」といっても、その便益は誰にとってのものなのか、便益と引き換えのリスクは誰が受け入れるのかという、リスクと便益の分配の公平性の問題がある。社会の大多数の人々にとっては便益が大きく必要だとしても、少数の者にリスクが集中していたり、便益が小さかったりすれば、後者の人々にとってはそのリスクは受け入れがたく、時にはゼロリスクと見えるような強い拒否感を示すだろう。また前出のＰＡＢＥの調査によれば、調査対象となった人々は、ＧＭ作物について必ずしもゼロリスクを求めてはいなかったという。むしろ彼らは、自分たちの人生がリスクに満ちており、リスクどうし、あるいはリスクと便益との間でつり合いをとらねばならないという認識をもっていた。また彼らは、科学的なリスク評価にも本質的で避けられないリスク評価の不確実性があると考えていた。具体的には、多種多様な地理的条件の下でのＧＭ作物と生態系の複雑な相互作用は、実験室での研究からは十分には予測できず、その点で科学には自ずと限界があるということや、数年にわたる研究に基づいた悪影響のテストでも、もっと長期の影響に関してはあまりに短すぎると彼らは考えていた。

このような人々の考え方は、「では、どこまで不確実性を考慮すればいいのか」、「結局は不確実性ゼロを求めるものであり、ゼロリスク要求なのではないか」と見ることもできる。しかし、もう少しその要求の理由を探ってみると、違う側面が見えてくる。調査対象者たちが討論の中でたびたび言及していたのは、規制当局や技術の開発者たちが、予見できない悪影響の発生をモニタリングしたり、悪影響が生じたときに原状回復する方策を意思決定の中で考慮したりしていないように見えた過去の事例（BSEやアスベストなど）だったという。つまり、対象者たちが問題にしていたのは、不確実性があるということ（それ自体は当たり前のことだと彼らは認識している）ではなく、不確実性を軽視あるいは否定し、安易に「リスクはない」と安全宣言してしまう規制当局や開発者の態度や言動であり、そうした姿は、調査対象者となった市民にとっては傲慢で不誠実で、信頼できないものと映っている。そのような過去の経験に由来する不信感が、GM作物のリスクおよびリスク評価の不確実性に対する警戒感や、「不確実性を十分に考慮せよ」という彼らの要求につながっているのである。規制当局や開発者が市民の「ゼロリスク志向」を前にしたときに考えるべきは、それが不合理で不可能な要求であることや安全性について丁寧に説明することだけでなく、自らが意思決定の中でどれだけ十分に不確実性を考慮し、また予想外の悪影響の発生（不意打ち）に備えた措置（モニタリングや事後救済策）をしているか、またそれをどれだけ十分に市民に対して伝えているかということも含まれているのである。

もう一つ、不確実性について重要なのは、調査対象者たちが、不確実性は不可避なのが現実であり、長期的には予見せざる影響もあり得ることを考えれば、技術開発を進める理由や目的が善いものであることを求めていたということだ。討論の中で彼らは、絶えず「一体何のために開発しているのか」、「どんな必要性があるのか」、「その目的は何なのか」という疑問に立ち戻っていたが、それは彼らが、想定されている当該技術の目的が、自分たちを不確実性にさらすのに値するほど重要なものかどうかを、自ら吟味したいと考えているからなのだという。結局、問われているのは、また、実際のコミュニケーションのなかで問うべきは、安全かどうか、不確実性があるかどうかということ以上に、何を正当な便益として求め、何を受忍すべきリスクや負担すべきコストとして受け入れるのかという選択の問題であり、それを規制当局や開発者、専門家だけでなく、一般の市民やさまざまなステークホルダー（当該技術の便益の受益者や、リスクやコストの負担者）も含めて、できるだけオープンに議論し、納得を生み出す努力だといえるだろう。

4　コミュニケーションをどうデザインするか

以上に見たように、科学技術やリスクの問題をめぐるコミュニケーションでは、さまざまな考慮すべき事柄が存在する。それらを踏まえて、私たちはコミュニケーションをどのようにデザインすればいいのだろうか。ここでは、筆者が放送大学教材「リスクコミュニケーションの現在」[19]でまとめたコミュニケーションの分類枠組み（注4）[20),21)]を科学技術コミュニケーション全般に拡張して、次の八つの観点で類型化し、それぞれ詳しく見ていこう。

①「コミュニケーションの主たる様式（モード）」

②コミュニケーションのアプローチの仕方を特徴づける「アクター（コミュニケーションの関与者）」
③コミュニケーションを行う「目的・機能」
④コミュニケーションの「対象イシュー」（対象となる話題、問題）に関する知識の「不定性」の度合い
⑤「対象イシューの種別」
⑥「フレーミングの種別」
⑦対象イシューが生じたり対応行動がとられたりする「時間・空間・社会的なスケール」
⑧ならびにその「フェイズ（時期・段階）」

これらのうち①～③は、コミュニケーションのアプローチの仕方を特徴づけるもので、④～⑧は、対象イシューの性質に関するものになっている。

これらの分類観点を「チェックリスト」として用いることで、誰を対象に、どのような問題を考慮に入れて、どのようなモードのコミュニケーション（知識・情報の伝達・共有が主か、対話・共創が主かなど）を行えばよいかを考えたり、評価したりすることができる。

（1）　コミュニケーションの主たる様式（モード）

最初の分類観点は「コミュニケーションの主たる様式（モード）」である。これについては、リスクに関する注意喚起や行動変容を目的とする「ケアコミュニケーション」、リスクに関する合意形成を目

指した「コンセンサスコミュニケーション」、危機発生時に必要な情報の提供を行う「クライシスコミュニケーション」という分類[22]を用いる。R・E・ラングレンらの説明を基に、表3に、それらの概要と、その特徴の一つである「相互作用性（interactivity）」（どの程度コミュニケーションが双方向的で、それを通じて関与者の態度・選好・意見が互いに変わり得ることが期待されているか）についてまとめた。

ラングレンらが指摘しているように、コンセンサスコミュニケーションは「ステークホルダーインボルブメント」（パブリックエンゲージメント、パブリックインボルブメントなどの呼称もある）の一部であり、後者には、紛争解決やそのための交渉といったコミュニケーションも含まれる。

また、トップダウン的なクライシスコミュニケーションの場合も、緊急時の対応を定めた計画は平常時に策定され、その際には、ケアコミュニケーションやコンセンサスコミュニケーションが行われる。

表3　コミュニケーションの様式（モード）

様式（モード）	概　要	相互作用性
ケアコミュニケーション（注意喚起・行動変容志向）	危険性とその管理方法が、聞き手のほとんどから受け入れられている科学的研究によって、すでによく定められているリスクに関するもの。	トップダウン的・一方向的 知識・情報の提供
コンセンサスコミュニケーション（合意形成志向）	リスク管理の仕方に関する意思決定に向けてともに働くように、集団に知識を提供し鼓舞するためのもの。	相互作用的 対話・共考・協働
クライシスコミュニケーション（緊急事対応志向）	極度で突発的な危険に直面した際のもの。緊急事態が発生している最中またはその後に行われる。	トップダウン的・一方向的 知識・情報の提供

（2）アクター（コミュニケーションの関与者）

科学技術コミュニケーションにはさまざまなアクター（関与者）が関与・参加する。ここでは、次のように、「市民」、「行政」、「メディア」、「事業者」、「専門家」の五つのカテゴリーを示す。

市民：一般市民、当事者、NPO／NGO等

行政：国、自治体（都道府県、市町村）

メディア：組織（報道機関等）、フリージャーナリスト、インターネット発信者、博物館・科学館等

事業者：生産者、製造業者、流通業者、電力・ガス会社、金融・保険業者、広告業者、交通機関、小売店、飲食店、業界団体等

専門家：組織（学協会、研究・教育機関（研究所／大学／小中高校等）、医療機関）、チーム（審議会、研究グループ等）、個人

（3）目的・機能

コミュニケーションを行う目的あるいは機能にはさまざまなものがある。ここでは、国際リスクガバナンス・カウンシル（IRGC：International Risk Governance Council）の報告書（注5）23）ならびに文部科学省の「リスクコミュニケーションの推進方策に関する検討作業部会」の報告書24）、JST科学コミュニケーションセンターの「科学コミュニケーション案内」21）を基に、表4の六つの目的・機能を類型として挙げておこう。

表4　コミュニケーションの目的・機能の類型

類型1	関心喚起・文化的享受 教育・啓発と行動変容	科学技術に対する関心を喚起する。科学技術の知的内容を愉しむ。リスクとその対処法に関する知識や情報の普及、関心の喚起、行動変容のための啓発・トレーニングを行う。
類型2	信頼と相互理解の醸成	関係者（政府・自治体・事業者・専門家・市民・NPO/NGOなど当該のイシューにかかわりのある個人・組織・団体）の間で互いの信頼や理解を醸成する。
類型3	問題発見と議題構築、論点の可視化	意見の交換や各自の熟慮を通じて、主題となっている事柄に関して、何が問題で（問題発見）、何を社会として広く議論し、考えるべきか（議題構築）、重要な論点とは何か（論点可視化）、その問題に対する人々の懸念や期待はどのようなものであるかを明確化する。
類型4	意思決定・合意形成・問題解決に向けた対話・共考・協働	最終的な意思決定・合意形成や問題解決に向けて行われる対話・共考・協働。科学的・技術的な事実問題や法制度等に関する議論だけでなく、関係者間の多様な価値観や利害関心についての議論も含む。
類型5	未来ヴィジョンの形成	科学技術と社会・人間の将来はどうあるべきか、どのような科学技術を育み、どのような社会に生きたいか。
類型6	被害の回復と未来に向けた和解	物理的のみならず社会的・精神的な被害からの回復を促すとともに、問題発生から現在に至る経緯を振り返りつつ、関係者間の対立やわだかまりを解きほぐし、和解を進める。

類型6の「被害の回復と未来に向けた和解」は、科学技術コミュニケーションでもリスクコミュニケーションでも一般的に、あまり焦点が当たらない目的・機能だが、関係者間の深い対立をもたらすようなリスク問題への対応では意義は大きい。

(4) 知識の不定性

次は知識の「不定性（incertitude）」である。これは大事な概念なので、少し詳しく説明しよう。

科学知識の不定性の分類にはさまざまな仕方があるが[25),26)]、ここでは先のIRGCの報告書[23)]での分類を取り上げる。報告書では表5のように、「複雑性（complexity）」、「不確実性（uncertainty）」、「多義性（ambiguity）」という三つの不

表5　IRGC（2005）による不定性の類型

複雑性	問題となっている事象を構成する多数の要素間の複雑な相互作用（相乗効果や拮抗作用）や、長期の影響発現期間、個体差などが存在することによって、因果関係を特定し定量化するのが困難な場合。
不確実性	影響に対する脆弱性の違いによる被影響者の個体差、因果関係のモデル化における系統的ないしランダムな誤差、非決定性や確率的効果、制限のあるモデルあるいは限られた数の変数・パラメータに注目する必要から生じる対象系の境界づけの仕方、知識の不足または不在による無知によって、因果関係に関する知識に不完全さがある場合。
多義性	価値、優先順位、仮定、影響範囲を定義する境界づけとして何が適切かが問われる状況。 • 解釈的多義性：「証拠」に関する多義性。同一のデータやリスク評価結果に対して有意味かつ正当な解釈が複数ある状態（例：電磁波曝露による脳神経活動の活発化を有害と解釈するか否か）。 • 規範的多義性：「価値」に関する多義性。有害と解釈されたリスクの受容または受忍の可否を判断する際の価値判断に不一致がある場合。倫理観、生活の質（QOL）、リスクと便益の配分の公平性などさまざまな観点での価値判断。

定性の類型を挙げ、リスク問題を「複雑な／不確実な／多義的なリスク問題」と分類している。いずれの不定性もない場合は「単純な（simple）リスク問題」とよばれる。ただし実際のリスク問題は、不定性の類型のどれか一つに一対一で対応するわけではなく、「不確実かつ規範的に多義的」という場合も多い。また、たとえば規制当局が「単純」と見ている問題に対して、外部の専門家が「不確実性」を指摘したり、リスクにさらされた当事者（被影響者）が受忍可能性について異議を唱え、「多義的」になったりすることもある。どんな科学技術でも、多かれ少なかれリスクの問題をはらんでいるため、ここでの議論は、リスクコミュニケーションだけでなく科学技術コミュニケーション全般に当てはめることができる。

科学技術コミュニケーションにおいて、以上のような不定性の分類が重要なのは、これが表6のように、コミュニケーションのうちで、特に双方向的に行われる「討議」の関与者（アクター）の範囲や討議のタイプの違いに対応しているからである。特に注目すべきなのは、規範的多義性がある場合、つまりリスクの受容または受忍の可否などに関する価値判断の不一致が顕著になっている場合だ。その場合には、この不一致に対処するために、リスクにさらされている（さらされる可能性のある）個人の自己決定権の尊重が求められ、双方向的な討議への関与者の範囲は一般市民にまで広げられる。言いかえれば、政策立案者や専門家と利害関係者（ステークホルダー）・一般市民との間のコミュニケーションの様式として、コンセンサスコミュニケーションの必要性が最も大きくなる。解釈的多義性の場合も、たとえば何を削減・回避すべき重大なリスクとみなすか、因果連鎖のうちでどこまでを危害や便益として考慮すべき影響範囲とするかは一義的には決まらず、根本的には個人の価値判断に依存する。この場合もコンセンサスコミュニケーションが重要になる。

一見、価値判断とは無縁な不確実なリスク問題の場合も、コンセンサスコミュニケーションが重要になることがある。たとえば、リスクが十分低い（十分安全である）ことを示す科学的証拠の不確実性が大きいうえに、予想される被害が、そのリスクと引き換えに見込まれる便益に照らして、深刻で受け入れがたいようなリスク問題に直面していると

表6　リスクに関する「知識の不定性」の度合いに応じたコミュニケーション

不定性	討議（discourse）のタイプと目的	討議の関与者	非専門家とのコミュニケーションの様式
単純	手段的討議（instrumental discourse） ・リスク削減措置の協力的実施。	規制当局、直接的関係者、執行機関職員など	ケアコミュニケーション
複雑	認識論的討議（epistemological discourse） ・認識の不一致を解消。	上記プラス科学的見解を異にする専門家・有識者一般	ケアコミュニケーション コンセンサスコミュニケーション
不確実	反省的討議（reflective discourse） ・不確実性・無知も考慮した上での受忍性を判断。 ・規制・保護の過剰／過小も吟味。	上記プラス 主要な利害関係集団の代表（産業、直接的被影響者）	ケアコミュニケーション コンセンサスコミュニケーション
多義的	参加的討議（participative discourse） ・競合する議論や価値観、信念についてオープンに討議。 ・共通の価値、各自の「善き生活」を実現できる選択肢、公正な分配ルール、共通の福祉を実現する方法を追求。	上記プラス 一般市民	ケアコミュニケーション コンセンサスコミュニケーション

しよう。その場合には、リスク論の伝統的問いである「どれだけ安全なら十分に安全か（How safe is safe enough?）」だけでなく、「主要な関係者たちは、所定の便益と引き換えに、どれくらいの不確実性や無知を受け入れる意志があるのか」[23]が問われることになる。そして、この問いに関する価値判断や利害に不一致・多様性があり、社会の中で対立が顕在化していれば、問題は「不確実かつ規範的に多義的」となる。同様に「複雑かつ規範的に多義的」なリスク問題もある。このような場合には、やはりコンセンサスコミュニケーションの役割が大きくなる。

また、知識の問題（認知的問題：epistemological issues）である複雑性や不確実性そのものについても、それらを縮減し、知識を改善するためにコンセンサスコミュニケーションが重要になることがある。たとえば、干潟の埋立て工事が、そこを利用する野鳥やほかの生物にどのような影響をもたらすか、影響をどのように測定すべきかに関しては、関連する科学分野の専門家の知識だけでなく、その地域で活動している野鳥観察愛好者や漁業者の知識が役立つことがある。

もう一つ、不定性に関して多様な人々の間のコンセンサスコミュニケーションが重要になる状況は、同一のリスク問題に関する不定性の類型の認識自体が関係者の間で一致しておらず、対立が顕在化している場合である。たとえば、政府や政府に助言する専門家集団が「単純」と見ている問題について、不確実性を疑わせる証拠があることから、異を唱える別の専門家集団がいたり、市民の間に政府に対する不信感があり、政府の見解をそのまま受け入れられなかったりといった状況はきわめてありふれている。

こうしたいわば「メタ多義性」ともよべる不定性の類型そのものに関する認識の不一致・対立があったとき、意思決定はどう行うべきなのか。これについてＩＲＧＣの報告書では、意思決定プロセスの最初の段階で、リスク評価者、リスク管理者、重要な利害関係者（産業界、NGO、関連する政府機関の代表者など）からなる「スクリーニングボード」を設置し、不定性に関するリスク問題の分類作業を行うのがよいとしている[23]。

(5) テーマ対象の種別

科学技術コミュニケーションのテーマ対象は、表7のように、「自然一般および自然災害・疾病」と「科学技術」という二つの種類に大別され、さらに科学技術については、「従来科学技術」、「先端科学技術」、「新興科学技術」という三つのサブカテゴリーに分けられる。これらカテゴリー、サブカテゴリーの区別は、それぞれ次のような分類基準に基づいている。

まず、「自然一般および自然災害・疾病」と「科学技術」のカテゴリーを分けるのは「自然的か人為的か」の区別である。自然災害や疾病は、基本的には自然的な原因（感染症であればウイルスなど）によるものである。これに対して科学技術の利用に伴う事故・災害は、根本的には人が生み出した技術的なプロセスやプロダクトの仕様や性能、利用の仕方などに起因するという意味で人為的である。

ただし、この人為的／自然的という区別は白黒はっきりしたものではない。科学技術と経済・産業活動の発展を通じて人間が自然界に及ぼす影響力が飛躍的に増大した結果として生じている「人為起源の地球温暖化による気候変動」のように、「人為的な自然災害」もある。地震のように人為を超えた自然現象による災害も、建造物の崩壊による被害のように人為的要因が災害の規模を増大させている。

この意味で自然的／人為的という区別は、自然災害・疾病と科学技術それぞれのカテゴリーの内部にも程度の差（グラディエーション）として存在している。言いかえれば、ある有害事象が発生するのにかかわる要因は多かれ少なかれ自然と人為が混在して複合的であり、ここでの分類は、それら複数の要因のうち最も主要なものに関するものである。

　このような要因の複合性を前提にしつつも、自然と人為という区別をリスク問題の分類基準とするのは、特に人為という概念が「行為者性（行為主体性、agency)」、さらには行為やその結果に対する「責任」という概念と深く結び付いているからである。責任の概念は、事故や災害ではつねに問われるものであり、人々のリスク認知も左右する。ある問題において、どのような人為的要因がどの程度関与しているかを的確に把握するこ

表7　「テーマ対象の種別」による分類

テーマ対象		特　徴	人為性	知識の不定性
自然一般		• 身近な自然から野生生物、海洋、宇宙などさまざまなスケールの自然現象	低い	低い
自然災害・疾病		• 地震、津波、火山、気象災害など自然災害、感染症等の疾病	～高い	～高い
科学技術	従来	実用化から長い時間がたち、社会に普及・定着した科学技術。規制も整備されリスクも低減・制御されている。ただし、想定外事故も含めた不確実性はある。	高い	比較的低い
	先端	実用化から間もないため、リスクの有無・程度についても利用のされ方についても不確か・未知のことが多い。［ゲノム編集技術など。］	高い	比較的高い
	新興	研究開発途上であるため、リスクの有無・程度についても利用のされ方についても不確か・未知のことが多い。知られざる無知も。規制も未整備。［合成生物学など。］	高い	高い

とは、リスクコミュニケーションを行ううえで不可欠だといえる。

次に、「従来科学技術」、「先端科学技術」、「新興科学技術」というサブカテゴリーは、名称からもわかるように、後述する「フェイズ」によって区別される。従来科学技術は、すでに実用化されて久しく経過している技術であり、リスクに関してもよく知られ、規制・管理の方法も定まっているものが多い。ただし、想定外の技術的・自然的原因やヒューマンエラーなどによる事故は起こり得る。フェイズとしては、研究開発から実用化・社会的普及までの経過を川の流れにたとえれば「下流」にあたる。これに対して先端科学技術は、実用化からそれほど時間が経っていないもので、将来、どのような製品やサービス、技術システムへの応用の可能性があるのか、それがどのような正負のインパクトを社会にもたらすのか、まだ十分にはわかっていない段階にあるものだ。フェイズは中流から下流にあたる。最後に、新興科学技術（emerging science and technology）は、まだ実用化以前の研究開発段階にあるものであり、応用可能性やインパクトについては、いっそう未知のことが多い。フェイズは上流から中流にあたる。

「従来」、「先端」、「新興」の違いは、先述の「知識の不定性の度合いによる分類」にも関係が深い。すなわち、有害事象の発生によってどのような結果（損害）が生じるか（発生結果）や、それがどの程度の頻度で発生するのか（発生確率）についての「知識」に、どの程度の不確実性があるか、という基準である。この点で、従来的科学技術よりは先端科学技術、先端科学技術よりは新興科学技術のほうが、一般に不確実性が大きくなるといえる。ただし、フロンガスのオゾン層破壊効果のように、実用化され、広く社会で利用されるようになった下流段階で、当初はまったく想定も予期もしなかった被害が判明する例もある。

また、非人為的・自然的なハザードによる疾病の場合でも、新興感染症の場合には不確実性が高い。自然災害も、温暖化による気候変動によるものなどは不確実性が高い。

(6) 問題フレーミングの種別

2節、3節で見たように、科学技術コミュニケーションにおいてフレーミングの多義性に着目することはきわめて重要である。ここでは、フレーミングの種類を表8のように「リスクに関する事柄」、「便益や目的に関する事柄」、「ガバナンスに関する事柄」の三つのカテゴリーに大別する。以下、それぞれの内訳を簡単に説明しておこう。

まず、「リスク評価に関する事柄」には、リスクあるいは悪影響の内容として、「人や動物（家畜）の健康への悪影響」、「野生生物・生態系、物理的自然環境（大気、水、土壌、気候など）への悪影響」、「社会的な悪影響」の3種類がある。そして、そのいずれの場合も、悪影響の内容や発生頻度、物理的ないし社会的な発生機序（因果関係など）に関する自然科学的・社会科学的・技術的問題と、リスクの受容可能性やトレードオフ、その他の倫理的・法的・社会的問題（ELSI：Ethical, Legal and Social Issues/implications)」などの社会的・規範的問題がある。

ここで、ELSIというのは、大くくりには「ある新興技術が、将来、広く社会で利用される事態に備えて抽出される、技術的課題以外の広範な課題群」[27]とされるもので、近年、人工知能など情報通信技術、ゲノム科学、脳科学などさまざまな先端・新興科学技術分野で取り組みが強く求められているものだ。その内訳をあえて示すと、次のような問題がある。「倫理的問題」とは、個人や集団、社会の善悪に関する価値規範、権利（基本的人権等）にかかわる問題であり、たとえば遺伝子診断や情報技術に伴うプライバシー侵害の可能性などがある。「法的問題」は、次に述べる社会的問題も含めて、立法や裁判など法的な対応・解決が求められる問題である。そして「社会的問題」は、倫理的問題や法的問題も含めた最も広いものだともいえるが、あえて限定すれば、制度や組織、価値規範、慣習、政治経済的構造などを背景とした不平等・不公正、格差、差別、権力関係（権力バランス）

表8　科学技術コミュニケーションにおけるフレーミングの種別

フレーミングのカテゴリー	フレーミングのサブカテゴリー	
リスクに関する事柄	• 人や動物（家畜）の健康への悪影響 • 野生生物・生態系、物理的自然環境への悪影響 • 社会的な悪影響	• 悪影響の内容や発生頻度、物理的・社会的な発生機序（因果関係）に関する自然科学的・社会科学的・技術的問題 • リスクの受容可能性やトレードオフ、その他の倫理的・法的・社会的問題(ELSI)など社会的・規範的問題
便益や目的に関する事柄	• 経済的便益（生産性、競争力、経済成長など） • 社会的便益（利便性・福祉等の向上） • 社会的課題（疾病、環境、エネルギー、資源、食料、水、貧困など）の解決	• 便益とリスク、コストのつり合い • 便益や目的の実現可能性 • 便益や目的の社会的正当性（望ましさ）
ガバナンスに関する事柄	• 政治・行政的問題（意思決定の主体・プロセスの正統性、政策の実行性・有効性） • 法制度的問題（法制度や司法の正当性・有効性） • 経済的問題（政策実施の費用対効果、費用負担者など） • 組織的問題（組織の能力や信頼性） • 技術的問題（技術的な実現可能性や有効性）	

など、個人・集団・国家の間の相互関係や相互作用といった社会構造の問題を指す。その中には、差別のように、構造的問題であるとともに、倫理的・法的問題でもあるような問題もある。

「便益や目的に関する事柄」には、「経済的便益（生産性、競争力、経済成長など）」、「社会的便益（利便性・福祉等の向上）」、「社会的課題（疾病、環境、エネルギー、資源、食料、水、貧困など）の解決」などがあり、それぞれについて便益とリスク、コストのつり合い、便益や目的の実現可能性、便益や目的の社会的正当性（望ましさ）などの問題がある。具体的には、たとえば、得られる便益や達成しようとしている目的は、それらに伴うリスクを冒すだけの価値があるものなのか、便益や価値は誰にとってのものなのか、社会の中で便益がある特定の集団に集中する一方で、リスクは別の集団に集中するといった不平等がないかどうかがしばしば問われる。

「ガバナンスに関する事柄」にもさまざまな問題がある。「政治・行政的問題」には、科学技術にかかわる意思決定に誰が参加・関与し、どのような手続き・プロセスを経て決定するのがよいかという政治的な正統性に関する問題や、政策の実行可能性や有効性といった問題が含まれる。「法制度的問題」は、科学技術行政や規制行政にかかわる法制度や司法の正当性や有効性に関する問題だ。「経済的問題」には、政策実施にかかる費用の額や費用対効果、負担者（政府、事業者、消費者など）の妥当性についての問題が含まれる。「組織的問題」には、たとえば省庁や事業者の組織の政策実施や研究開発等を担う能力、信頼性に関する問題が含まれる。最後に「技術的問題」には、たとえばリスクを低減・管理し安全確保するための技術的方法の実現可能性や有効性に関する問題である。

（7）時間・空間・社会的なスケール

科学技術コミュニケーションの対象となるイシューが生じたり、何らかの対応（リスク評価やリスク管理など）が必要になったりする時間的・空間的・社会的スケールには、表9のように、イシューの「原因」と「影響」、およびイシューに対する政策等の「対応」のそれぞれについての時間的範囲・空間的範囲・社会的単位がある。社会的単位のなかで「集合的（collective）」とあるのは、単に「多数の個人」「多数の組織」があるということ（＝「多数」）ではなく、たとえば市場での取引や言論、情報などを通じて相互に作用し合う全体としての個人・組織の集まりを指している。

（8）フェイズ

次に、問題の発生や対応の「フェイズ（時期・段階）」は、表10のように、大きく分けて「危機発生」に関するものと「イノベーション過程」に関するものがあり、それぞれに対して求められるコミュニケーションの様式（モード）が異なることに特徴がある。「危機発生」の場合は、フェイズは、危機が生じていない「平常時」、

表9　「時間・空間・社会スケール」による分類

	時間的範囲	空間的範囲	社会的単位
原　因	一時的／短期的 中期的 長期的／恒常的	地域 広域／国 国際・地球規模	個人・単一組織 少数の個人・組織 多数・集合的
影　響	一時的／短期的 中期的 長期的／恒常的	地域 広域／国 国際・地球規模	個人・単一組織 少数の個人・組織 多数・集合的
対　応	一時的／短期的 中期的 長期的／恒常的	地域 広域／国 国際・地球規模	個人・単一組織 少数の個人・組織 多数・集合的

危機が生じた直後の「非常時（緊急時）」、危機発生からある程度経過して、状況回復が図られる「回復期」に分けられる。先述したコミュニケーションの様式としては、いずれのフェイズでも知識・情報の提供を中心とする「ケアコミュニケーション」を基本としつつ、平常時や回復期には対話・共考・協働のための「コンセンサスコミュニケーション」が、非常時には差し迫った危機に対処するための「クライシスコミュニケーション」が重視される。

他方、「イノベーション過程」のフェイズは、川の流れにたとえて、「上流（研究開発段階）」、「中流（研究開発末期～実用化）」、「下流（実用化以降）」に分類できる。危機発生のフェイズに重ねるならば、危機発生以前の「平常時」に位置づけられる。コミュニケーションの様式としては、科学技術の知識・情報提供を主とするケアコミュニケーションを基調としつつ、対話・共考・協働のためのコンセンサスコミュニケーションが重要である。特に上流～中流段階では、研究開発の成果が将来どのように利用され、リスクと便益の両方を含めて、どのようなインパクトを社会にもたらすのかを探り、負のインパクトに対してはどのように対処すべきかを検討することが求められる。その点で、このタイプのコミュニケーションはコンセンサスコミュニケーションとい

表10　フェイズの分類

フェイズ		コミュニケーションの様式の特徴
危機発生	平常時	コンセンサスコミュニケーション重視
	非常時（緊急時）	クライシスコミュニケーション重視
	回復期	コンセンサスコミュニケーション重視
イノベーション過程	上流（研究開発段階）	イノベーションコミュニケーション（より発散的な志向性をもつコンセンサスコミュニケーション）
	中流（研究開発末期～実用化）	
	下流（実用化以降）	

うカテゴリーに該当しつつも、より発散的な志向性をもっている。また科学技術のインパクトの負の側面であるリスクだけでなく、どのようなインパクトが望ましいかという正の側面も同時に探るものであり、リスクコミュニケーションを超えて、それを部分集合として含む「イノベーションコミュニケーション」とよぶべきコミュニケーション活動となる。

5　共創的コミュニケーションに向けて

以上、本章では、「科学技術コミュニケーションのすれ違いをどう理解するか」について、まず「フレーミングの多義性」に着目することの重要性を、遺伝子組換え作物と低線量被ばくをめぐる論争を例に論じた。そのうえでさらに、知識の不定性やコミュニケーションの目的・機能を始めとする分類観点に基づいて、科学技術コミュニケーションをデザインする際の考え方を示した。今後、人工知能やゲノム科学、合成生物学など先端・新興科学技術の研究開発や実用化が社会のさまざまな分野で進むにつれて、健康や環境に対するリスクだけでなく、ＥＬＳＩなど多様な社会的問題への対応が課題になることがたくさんあるだろう。フレーミングの多義性や知識の不定性に配慮した包摂的で共創的なコミュニケーションは、よりよい科学技術を生み出し、社会を発展させていくためにますます不可欠なものとなる。

先端・新興領域だけでなく従来科学技術の分野でも、包摂的・共創的な科学技術コミュニケーションは重要だろう。たとえば福島第一原子力発電所事故の被害に関しては、政府や東京電力と被災住民の間だけでなく、住民どうしの間にも、不信感や対立、分裂が生じ、事故から9年を経たいまもなお解消され尽くしてはいない。科学技術コミュニケーションの目的・機能に「回復・和解」を含めたのは、こうした現実を踏まえたからである。これはもはや「科学技術」コミュニケーションの範囲を超えて、広い意味での「政治」に属する課題ともいえる。しかし逆にいえば、科学技術コミュニケーションは、そうした「痛み」を伴う人と人の生々しい交渉と地続きであり、やはり科学技術コミュニケーションの課題として引き受けていく必要があるといえるだろう[注6)28)]。科学者・技術者コミュニティが、そうした課題への対応も含めて、社会に対する応答責任を果たしていくうえで、本章が少しでも貢献できれば幸いである。

参考文献

1) 藤垣裕子（２０１８）『科学者の社会的責任』、岩波書店
2) Stilgoe, J. et al. (2013), "Developing a framework for responsible innovation", Research Policy, 42: 1568-1580
3) Schön, D. A. and Rein, M. (1994), Frame Reflection: Toward the Resolution of Intractable Policy Controversies, Basic Books
4) Kahneman, D., and Tversky, A. eds. (2000), Choices, Values, and Frames, Cambridge University Press
5) Renn, O., Klinke A. and van Asselt, M. (2011), "Coping with Complexity, Uncertainty and Ambiguity in Risk Governance: A Synthesis", Ambio, 40(2): 231-246
6) Jasanoff, S. (1996), "Is science socially constructed—And can it still inform public policy?", Science and Engineering Ethics, September 1996, Volume 2, Issue 3, pp 263–276.
7) ISAAA (2017), Global Status of Commercialized Biotech/GM Crops in 2017: Biotech Crop Adoption Surges as Economic Benefits Accumulate in 22 Years., ISAAA Brief No. 53. ISAAA: Ithaca, NY
8) Marris, C., et al. (2001), Public Perceptions of Agricultural Biotechnologies in Europe (PABE), final report of EU research project, FAIR CT98-3844 (DG12 - SSMI)
9) 東京大学（２０１２）「原子力と地域住民のリスクコミュニケーションにおける人文・社会・医科学による学際的研究

２０１２年度成果報告書」、東京大学
10) Slovic, P. (2000), The Perception of Risk, Earthscan
11) 中谷内一也編（２０１２）『リスクの社会心理学』、有斐閣
12) ISO/IEC (2014), "Guide 51, Safety aspects: Guidelines for their inclusion in standards", International Organization for Standardization
13) Chowdhury, P. D. and Haque, C. E. (2011), "Risk Perception and Knowledge Gap between Experts and the Public: Issues of Flood Hazards Management in Canada", Journal of Environmental Research and Development, 5(4): 1017-1022
14) Rayner, S. (2000), "Democracy in the Age of Assessment: reflections on the Role of Expertise and Democracy in Public-sector Decision Making", Science and Public Policy, Vol.30, no.3, 163-170
15) Sandman, P. M. (1987), "Risk Communication: Facing Public Outrage", EPA Journal, November: 21- 22
16) IAEA (2012), Communication with the Public in a Nuclear or Radiological Emergency, International Atomic Energy Agency (IAEA)
17) Covello V. T. (1989), "Issues and problems in using risk comparisons for communicating right-to-know information on chemical risks", Environmental Science and Technology, 23 (12), 1444-1449
18) 農林水産省ＨＰ（https://www.maff.go.jp/j/syouan/seisaku/risk_analysis/r_risk_comm/）
19) 平川秀幸・奈良由美子編著（２０１８）『リスクコミュニケーションの現在―ポスト 3.11 のガバナンス』、放送大学教育振興会
20) ＪＳＴ科学コミュニケーションセンター（２０１４）「リスクコミュニケーション事例調査報告書」、独立行政法人科学技術振興機構科学コミュニケーションセンター
21) ＪＳＴ科学コミュニケーションセンター（２０１５）「科学コミュケーション案内」、独立行政法人科学技術振興機構科学コミュニケーションセンター
22) Lundgren, R. E. and McMakin, A. H. (2013), Risk Communication: A Handbook for Communicating Environmental,

Safety, and Health Risk, 5th edition, Wiley
23) IRGC (2005), "Risk Governance: Towards an integrative approach", IRGC White Paper No 1, International Risk Governance Council (IRGC)
24) 文部科学省（２０１４）「リスクコミュニケーションの推進方策」、文部科学省
25) 山口治子（２０１１）「リスクアナリシスで使用される「不確実性」概念の再整理」、日本リスク研究学会誌、21(2): 101-113
26) 吉澤剛（２０１５）「科学における不定性の類型論：リスク論からの回帰」、科学技術社会論研究、11: 9-30
27) 日本リスク研究学会編（２０１９）『リスク学事典』、丸善出版
28) 文部科学省（２０１９）「今後の科学コミュニケーションのあり方について」、文部科学省科学技術・学術審議会研究計画・評価分科会科学技術社会連携委員会

注1　コミュニケーションの場面であれば、「フレーミング」は次のように特徴づけられる。「フレームするとは、知覚された現実のさまざまな側面からあるものを選び出し、それらをコミュニケーションの文章において、特定の問題の定義や因果関係の解釈、道義的な評価、推奨される対処を行うように勧めることによって、より重要なものとすることである」（Entman, R. M. (1993) "Framing: Toward Clarification of a Fractured Paradigm", Journal of Communication, 43(4): 51-58)。

注2　恐ろしさ因子や未知性因子以外にもリスク認知に影響する要因には、種々の認知バイアス（正常性バイアス、楽観主義バイアス、ベテラン・バイアス、バージン・バイアス、同調性バイアスなど）やそれらの原因ともなるヒューリスティクス（利用可能性ヒューリスティクス、代表性ヒューリスティクスなど）がある。

注3　S・レイナーは、日常言語において「リスク」の概念は、信頼（trust）や責任（liability）、同意（consent）という要因（TLC factors）に対する人々の期待を内在しており、科学的なリスク論でしばしばいわれる「どれだけ安全なら十分に安全なのか（How safe is safe enough?）」という問いは、「どれだけ公正なら十分に安全なのか（How fair is safe enough?）」という問いに置き換えられなくてはならないと指摘している。

注4　分類枠組みは、２０１２年から２０１５年にかけて、筆者が国立研究開発法人（当時は独立行政法人）科学技術振興機構（ＪＳＴ）の科学コミュニケーションセンターのフェローを務めた際に行った調査研究の報告書「リスクコミュニケーション事例調査報告書」

で提案し、同センターの冊子「科学コミュニケーション案内」にまとめたものをリスクコミュニケーション用に改案したものである。

注5　IRGCではリスクコミュニケーションの目的として、①リスクとその対処法に関する教育・啓発、②リスクに関する訓練と行動変容の喚起、③リスク評価・リスク管理機関等に対する信頼の醸成、④リスクにかかわる意思決定への利害関係者や公衆の参加と紛争解決の4項目を挙げている。

注6　文部科学省の科学技術・学術審議会研究計画・評価分科会科学技術社会連携委員会が2019年2月にまとめた報告書「今後の科学コミュニケーションのあり方について」では次のように述べられている。「社会の発展や経済の成長が科学技術の成果や使い方に大きく依存するようになっている現代においては、科学コミュニケーションは、正確な科学技術情報を提供し、科学技術の楽しさ、科学技術の正の側面を伝えるだけではなく、科学技術の持つ負の側面も正しく伝え議論を促すことや、広く公共に資する人道主義に基づいた社会課題の解決や利害の調整に関わることも、より一層求められるようになっている。そして、そのような社会課題の解決や利害の調整においては、当然ながら、従来の科学コミュニケーションが想定していた役割では対応出来ない複雑な意思決定のプロセスが存在する。従って、時には利害の対立を科学コ ミュニケーションが正面から扱わざるを得ない状況が発生する。このような「痛み」を伴う科学コミュニケーションが、社会と科学技術の関係深化に伴い増加してきている。」

第3部

王《ニムロド》のいない街

——誰が、何を、どのように意思決定するべきか

5章　「安全」の描像：リスクといかに共存するか

山口彰

科学技術を開発・利用する理由は、豊かな社会を築きたいからである。科学技術を利用するときは、受けるであろう恩恵と、それに伴うリスクを考える。科学技術の恩恵は比較的明確に記述できるが、リスクを語るのはとても難しい。ましてや、恩恵とリスクを考えながら意思決定することは、きわめて重要であるにもかかわらず、うまくいかないようである。それが科学技術の選択と安全について議論をよぶ原因の一つかもしれない。

1　なぜリスクを受け入れなければならないか——エネルギーとリスク

(1)　対抗リスク：リスクの回避が生むリスク

リスクと聞けば、私たちはどのような反応を見せるだろう。得体の知れぬ、厄介なもの、何か不利益をもたらすもの、不安なもの、そのように考えるのではないだろうか。ましてや、リスクを受け入れるとか、リスクと共存するなどもってのほかである。リスクは忌み嫌い、避けるものにほかならず、小さいほどよいに決まっている。ただでさえ、私たちの日常は病気、事故、犯罪、それに失業、公害、食品偽装、身の回りの不安を数え上げればきりがない。なぜ好きこのんでさらなるリスクを背負いこまなければならないのか。読者の多くの方はこのように感じているのだと思う。

リスクを考えるとき、新たに目の前に現れるリスクはとても気になるものである。原子力を利用し始めると放射線が怖い、遺伝子組換え食品は安全か、ゴミ焼却場ができるとダイオキシン排出は大丈夫か、子供の予防注射の副作用は大丈夫か、こういった具合である。非日常的なものを目の前にするときや、これまでにない行動を起こすとき、それに伴うリスクが心配なのは自然な感覚である。

新しいものにチャレンジをしないことによってもたらされるかもしれないリスクを考えたことがあるだろうか。自動車はとても便利なものである。それは先人が自動車の技術開発と普及にチャレンジしたからである。しかし、自動車があれば交通事故のリスクがある。排気ガスは環境に悪い。自動車を運転すれば、他人を事故に巻き込むかもしれない。最近の高齢運転者の、運転操作がうまくいかず市民を死傷させる事故を耳にすれば心が痛むものである。こんなことならば、自動車など世の中になければよかったのに。実際は、それらのリスクを我慢しながら便利に使っている。

自動車をやめてしまえばリスクから解放されるであろうか？　自動車のない暮らしを想像してほしい。ちょっとした移動にも長い時間がかかる。買い物に行くにも不便きわまりない。救急車がなければ、急病になって病院に行くことも叶わない。自動車による交通事故のリスクは回避できても、自動車のない不便を実感しながら生活するリスクははるかに大きいかもしれない。自動車のない生活は、さまざまな不便と新たなリスクを生み出す。交通事故リスクや環境リスクと背中合わせで、私たちは自動車の恩恵を受けているといわざるを得ない。

このように、あるリスクを回避する行為が別のリスクを産み出すことは多い。それが同種類のリスクであれば問題は比較的やさしい。たとえば、交通手段として、新幹線と飛行機のどちらを選ぶかは、費用、時間、事故率などを考えて好みで決めればよい。飛行機が嫌いならば新幹線を選べばよい。同じ性質のものの比較だからである。違う種類のリスクの比較、たとえば生活の便利さと環境汚染などの比較は難しい。あるリスクを削減あるいは回避すると、別のリスクが生じるのが常である。これを対抗リスクといって、私たちが何かの意思決定をするときには、よく考えなければならない。

(2) 日本におけるエネルギー選択の歴史

エネルギーを使うと環境への影響が生じる。なかでも地球温暖化のリスクは国際的関心を集めている。エネルギーを使わなければ、環境に影響をもたらすことはないが、私たちは日常生活を実質的に送ることができなくなる。そもそもあらゆる人間の活動は、環境に影響をもたらすものなのである。

エネルギーは私たちの暮らしになくてはならない。エネルギーなくしては、暖房や冷房もない、自動車や電車も動かない、携帯電話も使えない。エネルギーを長期にわたって安価に確保し、国民にあまねく提供することは〝価値がある〟のである。

ここで、戦後の成長期のエネルギー選択の歴史を振り返ってみよう。

1960年代に、日本は1回目の重要なエネルギー選択をした。国内産石炭から外国産輸入石油への転換である。1960年代は、東京オリンピックを開催（1964年）、東海道新幹線が開通（1964年）、名神高速道路（1963年）と東名高速道路（1968年）の開通、大阪万博開催（1970年）といったように日本の経済成長の真っ只中であった。その需要を満たすべく、エネルギー構造の転換を図ったがゆえに、1960年にはおよそ60％であった日本のエネルギー自給率は、1970年には

15%に低下した。こうして高度経済成長を実現したが、一方でこれは日本のエネルギー構造に脆弱性をもたらした。果たして当時の日本は、このリスクをどれだけ理解していただろうか。

1970年代にはそのしっぺ返しを経験することになる。1973年と1979年の二度のオイルショックである。これによって石油の輸入は止まり、物価は高騰し、経済は衰退した。そのきっかけは、1973年の第4次中東戦争で、石油輸出国機構（OPEC）が原油の供給制限と輸出価格の大幅な引き上げを行うと、国際原油価格は3カ月で約4倍に高騰したのである。その影響をまともに受けた日本は、戦後初めて経済成長率がマイナス1・2%とマイナス成長になり、高度経済成長の終焉を迎えた。日本は脱石油を旗印に、輸入石油への依存度を低減させるため原子力発電を導入した。二度目のエネルギー選択である。また省エネルギーが大きく進展したのもこれがきっかけであった。この10年間に電気料金は2倍に高騰した。

1990年代は三度目のエネルギー選択が訪れる。1997年の第3回気候変動枠組条約締約国会議（地球温暖化防止京都会議、COP3）で採択された京都議定書では、温室効果ガスの排出削減が求められた。すると、温室効果ガスを排出しない、水力発電、太陽光発電、風力発電などの再生可能エネルギーの普及が推進されるとともに､原子力ルネサンスの時代が訪れる。これは1979年の米国のスリーマイル島2号機の炉心溶融事故、1986年の旧ソビエト連邦のチェルノブイリ事故の後の米国、欧州における原子力発電低迷期から、エネルギー消費量の増大、二酸化炭素の排出削減による地球温暖化の防止、石油や天然ガス価格の高騰、化石燃料の枯渇への懸念などに伴う原子力支持拡大の流れである。

原子力ルネサンスは、2011年の東日本大震災と福島第一原子力発電所の事故で終焉を迎える。広域にわたる停電や計画停電が長期に及び、電力供給の安定性と信頼性の大切さを痛感した。また原子力発電所の事故は、安全性に対する求めを一段と強めた。地震と津波は多くの火力発電所を停止させた。2014年4月にまとめられた第4次エネルギー基本計画（資源エネルギー庁）では、「原子力安全政府及び原子力事業者は、いわゆる「安全神話」に陥り、十分な過酷事故への対応ができず、このような悲惨な事態を防ぐことができなかったことへの深い反省を一時たりとも放念してはならない」と述べている。

このように、日本のエネルギー選択は、いかにしてエネルギーの自立を実現し、豊かな暮らしを達成するかを追い求める歴史であった。それに温室効果ガスのゼロエミッションというチャレンジが加わったり、エネルギーの安全性と安定性という価値が再認識されたりした。

これから、2030年、2050年に向けてのエネルギー選択をしなければならない。これらをシンボリックに表した言葉は「3E＋S」である。3Eとは、エネルギー安全保障（Energy Security）、経済効率性（Economic Efficiency）、環境適合性（Environment）であり、Sとは安全性（Safety）をいう。

2018年7月に決定された第5次エネルギー基本計画は、2050年に向けて、エネルギーの「3E＋S」の原則をさらに発展させ、より高度な「3E＋S」を目指すとする。そこでは、①安全の革新を図ること、②資源自給率に加え、技術自給率とエネルギー選択の多様性を確保すること、③「脱炭素化」への挑戦、④コストの抑制に加えて日本の産業競争力の強化につなげること、の四つの目標が掲げられている。

原子力リスク、資源リスク、環境リスク、経済と技術のリスクをいかに調和させるかというとても難しい命題である。エネルギーのリスクを管理するとは、このようなリスクの連立方程式を解くことなのである。換言すれば、選択するリスクと選択をしないリスクの拮抗に悩みながらも、あらゆる知恵を絞ってよりよい解を得るために、正面から向き合わなければならない課題である。

(3)　リスクとエネルギーの選択肢：リスクの管理領域

それぞれのエネルギーをリスクの観点から眺めてみたい。化石燃料は温室効果ガスを排出するという欠点がある。今後、炭素排出に関するコスト、いわゆるカーボンプライスが上乗せされれば経済的優位性も低下する可能性がある。石油と天然ガスはそれぞれ、99%、98%が輸入であり、その中東への依存度は85%、23%である(平成29年9月のエネルギー情勢問題懇談会の資料による)。エネルギー輸入のチョークポイントリスクは高く、いったん、中東で紛争が起きてホルムズ海峡が封鎖されれば、石油や天然ガスの輸送手段が脅かされる。1990年代からこの地域に海賊が頻繁に現れるようになり、日本船主協会は海賊インフォメーションを発出しているほどである。化石燃料のエネルギー供給構造の基盤はそれほどに脆弱で、そのリスクは決して小さくない。

再生可能エネルギーはクリーンで、かつ国内で調達できる。しかも国民からも支持されるきわめて魅力的なエネルギー源である。しかし、エネルギー密度が低く、所要の発電量を確保するには広い敷地を必要とする。また、年間あるいは一日の間の発電量の変動が大きく、天候に左右される。発電施設の立地についても気候の特性に影響される。再生可能エネルギーで発電できないときのバックアップとして、化石燃料の発電所を用意しておかなければ、消費者に安定に電気を供給することはできない。電力の自由化の時代に安価な電気を安定的に供給するという目的とは、エネルギーの特性がかみ合わないのである。

大規模水力発電は、ベースロード電源と位置づけられており、発電コストと安定供給能力に優れた特性をもつ。しかし、水力発電所の建設は環境を破壊するとの批判から免れないという実態がある。

原子力発電は、2011年の東日本大震災にて発生した福島第一原子力発電所の事故によって、原子力のもつ潜在的なハザード（システムの内部に放射性物質を内包すること）が露呈した。この事実から原子力技術に対する厳しい見方が根づいており、原子力発電所の再稼働が遅々として進まない状況をもたらしている。

3E＋S、つまりエネルギー安全保障、経済効率性、環境適合性、安全性の政策目標のすべてに適合するような優等生のエネルギーは存在しない。そのようなエネルギー源がないからこそ、どのようなエネルギー構成が日本にとってもっとも適合するのか、国全体で考えなければならない。そのポイントは、それぞれのエネルギーの長所を組み合わせて、全体リスクを最小化することである。豊かな社会のためにはエネルギーの全体リスクを真剣に論じる必要がある。

リスクを最小化するためにどうすればよいか、それは簡単ではない。もしもリスクが、長さを比べるように物差しで測ることができるものならば、リスクの最小化はわかりやすい。現実には、リスクは多くの評価軸をもつ。それぞれの重要度を勘案して全体としての最適化を目指すのである。

図1にリスクに関する特性を表す3次元空間を考える。三つの特性評価軸は、たとえば、安全であり、経済性であり、エネルギー安全保障である。評価軸には、エネルギーそのもののリスクだけでなく、そ

のエネルギーを回避する場合の対抗リスクも含めるべきであろう。これをリスク空間とよべば、この空間の中のある点は、それぞれのリスクの組み合わせである。どのようなリスクであれば受け入れられるかを決めなければならない。そのようなリスク構成を実現する手段としてエネルギーミックスが得られる。すなわち、空間の中の各点は私たちにとってのエネルギーとリスクの選択肢である。

原点からリスク管理領域までの距離はリスクの大きさを表す。リスクをゼロにすることはできないので、原点からある距離を保つが、その距離は私たちの選択に委ねられる。いずれかの軸のみを小さくしようとするのでなく、すべてのリスク軸について我慢できる絶対的大きさと各特性間の相対的な大きさを考えなければならない。それが、全体としてバランスのよいエネルギーとリスクの選択肢である。

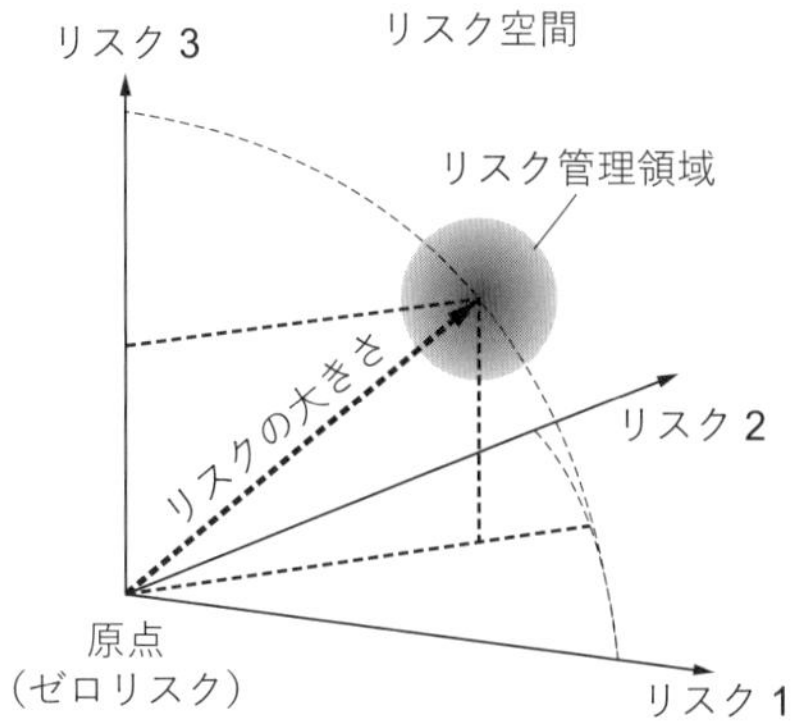

図1　リスク空間の概念図

リスク管理領域は、リスクについて、私たちが目指すところを表しているといってもよい。その点の周りから逸脱しないように、安全を守ることが大切である。図1ではそれを球体で表している。新しい知見や情報を反映し、安全文化を慈しみ、技術力を磨き、リスクを定量化し、意思決定を行う。リスクの評価はその仕上がり具合を確認するとともに今後の活動の方向性を見定めるものである。これをリスク管理（Risk Management）という。

重ねて述べると、私たちのエネルギーの選択肢では、図1の評価軸を、3E＋Sの政策目標を反映して定めることが第一に肝要である。社会が科学技術をどのように受け止めるかは、政策目標と安全の質に依存している。いずれかのリスクにばかり目を向けるのではなく、政策目標を実現するためのバランスよいリスク構造を構築し、リスクを管理し続けることがなによりも大切である。

2　安全とは何か、リスクとは何か

(1)「安全の確保」

エネルギー基本計画には「安全の確保を大前提に」との表現がある。安全の確保はまず達成しなければならない最優先事項である。ところで安全の確保とはどのような意味だろうか。具体的には何をすることであろうか。当然わかっているような言葉でも、説明を求められると何といえばよいか戸惑うことはしばしばである。安全の確保もそのような言葉の一つではないか、安全の確保とは何かと問われれば、その答えは簡単ではない。

「安全宣言」という言葉がある。安全宣言は食品安全や医療・健康問題などでよく使用される。最近の例では、東京都の築地市場が豊洲市場に移転するとき、最後の決め手になったのは小池百合子東京都知事の安全宣言であった。古くは1996年、大阪府堺市で病原性大腸菌O157による集団食中毒が多発した。その原因として、厚生省はある農園のかいわれ大根の可能性が高いとしたが、検査の結果、O157は検出されず因果関係は示されなかった。時の厚生大臣がかいわれ大根をマスコミの前で食し、それが安全宣言であった。

安全宣言が安全の確保かといえば違うであろう。安全宣言とは、安全に関する判断や意思決定を公表する方法の一つにすぎない。大臣や都知事が宣言するから信頼されるが、実際の安全の程度と直接の関係はない。

「安全の確保」という言葉ほどあいまいな表現はない。安全の確保をいうためには、安全の程度が評価されていなければならない。そして、何かの判断基準と比較して安全の程度が十分に高い水準になければならない。もし、安全の程度に不十分な点や弱点があれば、それを補うよう対策をとることになる。すなわち、リスクの分析と評価、その解釈、安全に関する判断と意思決定、そういったことが体系立てて行われなければ安全の確保とはいえない。このようなプロセスを抜きにした安全宣言は、リスクに対する正しい向き合い方ではない。

このように考えると、安全の確保はリスクと関係しているし、何かの判断を伴うことがわかる。そうすると、判断をするための考え方や指針がなければ困る。また、安全の確保が社会から国民から信頼されていなければならない。大臣や都知事の安全宣言のように。

(2) 不当なリスク

受け入れられないような理不尽なリスクがない状態は安全が確保されているといえるのではないだろうか。米国の原子力規制委員会のNUREG/BRという報告書シリーズの一つに〝No Undue Risk Regulating the Safety of Operating Nuclear Power Plants〟[1]がある。〝no undue risk〟は、この報告書のタイトルの言葉であり、「不当なリスクがないこと」である。この報告書は、〝no undue risk〟は、米国原子力規制委員会が運転中の商用原子炉に対して導入した最も重要な原子力安全向上の歴史そのものであると述べている。私たちが求める安全や信頼の姿から逸脱している状況は、不当なリスクがある状態で、改善しなければならない。科学技術を受け入れるならば、不当なリスクがないようにしなければならない。これは安全確保の一つの姿である。

しかし、〝no undue risk〟を実現するのはたいへん難しい。その理由は二つある。一つには、私たちは目の前のリスクは回避したいからである。リスクを伴う技術や活動を目の前にしてリスクを回避したいと考えると、その欲求の前にはリスクが不当であるか、そうでないかを冷静に判断する余裕はない。二つ目の理由は〝no undue〟の定義がないからである。

不当なリスクを明確に定義すると、人は不思議なもので、すべての物事を〝不当〟と〝不当でない〟に分類したがる。不当なリスクをあえて明示的に定義しないというのは一つの知恵ともいえる。ある科学技術のリスクが不当であるかどうかは科学技術だけによって決まるものではない。

飛行中の飛行機から飛び降りることは無謀そのものであるが、パラシュートを着けての行為であれば正当な行為である。むき出しの放射性物質は危険なものだが、それを密封線源として医療用に用いることは管理がなされており正当な行為である。人間の体内にウイルスを注射するのは犯罪のようであるが、臨床データを得てよく管理された予防注射は健康に有益である。

不当なリスクかどうかは、その技術に関する知識、安全管理、対策の状況、リスク管理の状況、その行為を行う人の考えなどに依存する。不当なリスクを厳格に定義しようとする試みはおそらくうまくいかないであろう。

不当なリスクを定義しないことは、安全の確保に定義がないことと似ているように見えるが、じつは決定的な違いがある。安全の確保は、安全を主張することを意図しているので安全宣言につながる。不当なリスクがないこと（no undue risk）はいくらかの許容されるリスクがあることを示唆している。安全の確保は、ゼロリスクを連想させるが、不当なリスクは残留リスクを明確に意識づける。不当なリスクがないとは、あえてリスクがあることを明示的に述べたうえで安全が確保されていることを述べようとする洗練された概念であろう。

科学技術の安全規制の歴史は、日本では安全確保を求めての歴史であり、米国では〝no undue〟とは何を意味するかをめぐる歴史である。興味深い対比ではないだろうか。

(3)　ALARPとALARA

ALARPとALARAは同じ意味で使われる。ALARPは〝As Low As Reasonably Practicable〟、ALARAは〝As Low As Reasonably Achievable〟である。いずれも、合理的に実現可能であるならばできるだけリスクを小さく抑制する、という原則を表す。この考え方は国際的にも広く浸透し、リスク管理に適用されている。

しかし、疑問にぶつかる。「合理的に実現可能」とは何をいうのかという点である。合理的に実現可能は、実行可能よりもはるかに狭い意味であるはずだ。しかし、「できることは何でもしなければならない」との意味に解釈されることも多い。

〝reasonable〟には、良識ある、正当、論理的、冷静、理に適う、などの意味がある。よく考えたうえで公正で良識ある判断をするというニュアンスである。ある方策が実現可能であるというためには相当の深慮熟考が必要で、そのようである限りにおいてリスクは小さいほうがよいのは当然であると、ALARPは述べている。その対策をとることによる実質的なリスク低減の効果（対抗リスクも含む）、リスク低減に必要な資源（コスト、時間、プロセスなど）が割に合うこと、総体として実質的な安全の向上が得られること、が満たされなければならない。

逆も同様である。ある行動をとらないならば、それでよい理由を説明しなければならない。すなわち、ALARPは、リスク低減に関する活動は、それに実質的な効果があり現実的に実施できること、あるいはそうでないことの説明を求める原則である。同時に、リスク管理者に残留リスクの存在を自覚させるものでもある。

リスクは小さいほどよいに決まっているから、リスクをさらに低減する活動はいつでも合理的である、との考え方は誤りである。目指すべき安全の姿が見えないと、もう十分に安全であるのだからこれ以上のことをする必要はないという、安全虚像につながりかねない。リスク管理者は、すでにリスクは小さくこれ以上のリスク低減をする必要はないことの説明に終始しがちになるであろう。これはALARPの精神に反している。それればかりでなく、「できることは何でもしなければならない」という解釈は、安全文化の劣化につながるのである。いわゆる〝安全神話〟はそのような誤解から生まれたかもしれない。

リスクが十分に小さい水準まで抑制されていることは安全規制の要求するところである。さらなる安全確保活動について、ALARPによる決定を行う。その決定について説明し、それが賢明な判断であることの理解を求めなければならない。ＡＬＡＲＰの述べるところは、そのようなことではないだろうか。

ＡＬＡＲＰとは、安全を合理的に達成するための概念である。できることはすべて実践すべきという原則ではないし、これ以上の安全対策をしなくてもよいことの弁明のための原則でもない。

(4)　目指すべき安全の姿

〝不当なリスク〟もＡＬＡＲＰも、何が不当（undue）か、何が合理的（reasonable）かを必ずしも明示していない。両方の概念に共通するのは、残留リスクの存在を示唆している点である。併せて、もし不当なリスクがないならば、決定が合理的ならば、これ以上のリスク低減活動をするに及ばないことをも述べている。

安全確保という言葉はとても魅力的に見える。ゼロリスクを想起させるからである。安全確保は、さらなるリスク低減が必要か不要かという難しい判断を迫ることをしない。あいまいにしたままでさらなるリスク低減が必要であることをちらつかせる。

どのようにすれば適切な安全確保ができるだろうか。私たちが目指すべき安全の姿、こうありたいと願う安全の姿を考えてみよう。そのような安全の姿は、図１のリスク管理領域であろう。これよりも大きいリスクの領域は受け入れることはできない。リスクを低減するようリスク管理者に要求するべきである。つまり、このようなリスク領域は不当なリスク（undue risk）である。

それならばリスク管理領域よりもさらに小さい方向に、原点のゼロリスクに向かってリスクを求めることは理に適っているであろうか。このために投じるコストは正当化されるだろうか。答えはノーである。なぜならば、ゼロリスクに近づくと対抗リスクが顕在化してきて、リスク低減の努力が報われなくなる。図1のリスク空間は、じつはゼロリスク近傍で歪んでいる。効果はより不確かになる。ゼロリスク願望は、言葉のとおり、願望であり実現されることはない。〝reasonably practicable〟とは程遠い領域である。

目指すべき安全の姿を描くときには、対抗リスクに十分注意を払わなければならない。食品添加物や農薬の使用が健康被害をもたらし、使用を取りやめれば生産や流通に支障をきたす。安全装置を付ければ当該事故は減少するかもしれないが、安全装置の故障や誤作動は新たな事故を生む。

総合的なリスクの大きさが同じでも、それぞれのリスク評価軸への重みを変えることはできる。しかし、ある特定のリスク事象の対策に過大にコストをかけると、ほかのリスク要因への対策が後回しになる。結局、リスクの全体像を俯瞰して、全体として最適化を目指すリスク管理が求められる。

リスク空間の中に、あるリスクの大きさの範囲で目指すべき安全の姿を定めることは適切なことである。しかし、不当なリスクやALARPという概念は、そのような具体的な姿を提示しない。合理的に実現可能なことや不当であることの範囲を、普遍的に定めることは不可能である。結局、その定義は定性的で柔軟なままに留めておいて、私たちの知見の拡充や社会の意識の変化につれて進化させ、現実の個別の行動に照らし合わせて判断するしかない。

ALARPの概念を最初に提唱した英国の健康安全庁は、図2のような考え方を示している[2)]。縦軸は個人のリスクと社会的関心の大きさである。すなわち図1に示す総合的なリスクであり、逆三角形の幅はリスクの大きさを表すと考えてよい。上部領域では、リスクが大きく、受け入れられない領域である。下部領域は、リスクが小さいので広く受け入れられる領域である。

二つの領域の間には我慢できる領域がある。議論の対象となるような科学技術のリスクは、多くの場合この領域にある。なぜなら、決して受け入れられない領域の科学技術は、ブレークスルーがない限り実用化することはないからである。広く受け入れられる領域にある科学技術は、すでに社会に普及していると考えられる。

リスクの選択、意思決定の問題は、我慢できる領域でどのようにリスクを考えるのかに帰着する。この領域では、科学技術の有用性や価値、リスクの程度や重要度によって総合的に判断するしかない。そうであれば、この領域の意思決定は、リスクを評価しその結果によってなされるしかない。本節の（1）に述べたように、〝リスクの分析と評価、その解釈、安全に関する判断と意思決定、そういったことが体系立てて行われなければ安全の確保とはいえない〟のである。

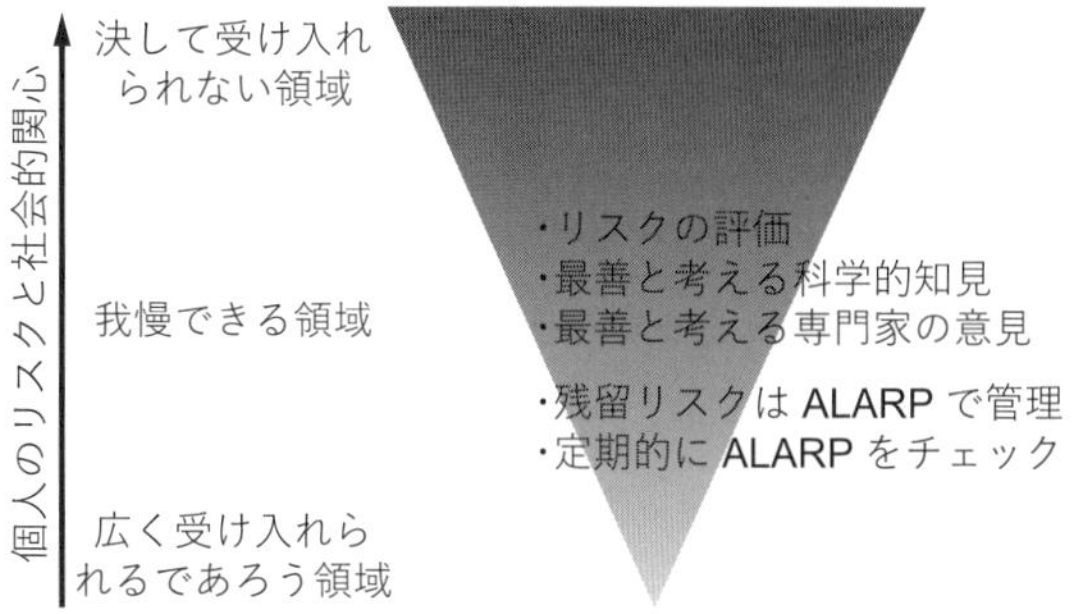

図2　リスクの大きさと受容性（ALARP を例として）

(5) リスク評価は信頼できるのか

ここで新しい課題に直面する。意思決定に用いるリスク評価は信頼に足るだろうか。リスク評価の方法とデータは十分なのか。じつは、この点を心配するには及ばない。リスク評価とは、そもそもリスクはどれくらい不確かなのかを評価する学理である。評価の方法やデータが不十分なところは不確かさとして評価される。世の中にある安全に関する評価の中で、リスク評価が唯一不確かなところを不確かだとオープンに指摘する方法ではないか。不確かなリスク評価によってあいまいさの中で意思決定しているのではなく、不確かさを暴露したリスク評価で意思決定をするのである。最善と考えられる科学的知見と専門家の意見を活用して意思決定するところも、リスク評価の素晴らしい点である。

ここでＡＬＡＲＰが役に立つ。ＡＬＡＲＰの原則によれば、さらにリスク低減に努めるか、リスク抑制対策をとらず残留リスクとするかを判断する。その決定がもたらす残留リスクは明示されるので、管理しなければならないリスクが明確になる。残留リスクは、十分に小さいと考えるリスクの程度であるが、現在の知見に基づいて決めたにすぎない。よって、その判断が適切かは定期的に見直される。継続的に安全向上するプロセスとはこのようなものである。将来にわたってリスク低減を追求し続けることでは、決してない。

いくら安全を向上させるべく努力したとしても、ゼロリスクにはなり得ない。また、それは時に対抗リスクを生じさせる。したがって、目指すべき安全の姿を定めること、それに対応する残留リスクを認めること、ＡＬＡＲＰなどの考え方により適切な安全の姿を追求すること、さらに、ＡＬＡＲＰの個別判断は普遍的に定まらないのであるから、ＡＬＡＲＰの判断が適切であったかどうかを継続的にチェックすること、これらが科学技術の安全へのアプローチである。

残る課題、目指すべき安全の姿はどのようなものか、受け入れがたいリスクとはどのようなものかを次節で考えよう。

3 安全目標──目指すべき安全の姿の具体化

(1) How safe is safe enough?

〝How safe is safe enough?〟という問いかけはこれまでに何度繰り返されたことだろう。文字どおり受け止めれば、「どれだけ安全であれば十分に安全か?」となる。日本流にいえば、〝safe enough〟は「安全確保」ということになる。

目指すべき安全の姿が漠然としたままでは、安全確保活動の深さや広さを定めることができないであろう。また、安全確保活動はこれでよいのか、改善すべき点はあるのか、現状の安全の姿には普遍性があるのか、社会からの評価はどうか、などの興味深い問題に切り込んでいくことができない。

〝How safe is safe enough?〟の問いは、安全宣言のための問いかけでもなければ、安心したいがための問いかけでもない。目指すべき安全の姿を社会で共有する試みである。図1のリスク管理領域をどこに設定するのか、図2の我慢できる領域をどのように定めるのか。目指すべき安全の姿を安全目標というならば、それがHow safe is safe enough? への答えであろう。安全の確保には、安全目標はなくてはならない存在である。

不当なリスクがないことやALARPを現実の問題として具体化する段階において、必然的に安全目標が必要であることが導かれる。目指すべき安全の姿を具体化させたものが安全目標である。なぜこのような複雑なことをするのか。最初から、How safe is safe enough? に答えようとすればとても難しいからである。安全目標を決めなければならないとすれば、もっと難しい。しかし、不当なリスクがないことやＡＬＡＲＰならば、共通の目的として受け入れられる。それを個別の判断に橋渡しするときに、安全目標が必要となる。

不当なリスクがないことを上位の目標に据え、それを共有することから始め、目指すべき安全の姿を定め、安全目標を策定するという順序は、リスクをやりくりすることで科学技術に関する意思決定をする素晴らしい考え方ではないだろうか。新しいチャレンジに取り組んだり、いまの方法を変えたりするには、目指すべき安全の姿を具体的に描く必要がある。具体的な安全の姿こそ安全目標である。

（2）原子力安全委員会の提案

How safe is safe enough? は奥深く意味深い問いかけである。それに答えるには、たとえば、日本国憲法の第２５条の生存権、「すべて国民は、健康で文化的な最低限度の生活を営む権利を有する。」から、また、第１２条「この憲法が国民に保障する自由及び権利は、国民の不断の努力によつて、これを保持しなければならない。又、国民は、これを濫用してはならないのであつて、常に公共の福祉のためにこれを利用する責任を負ふ。」をよりどころとするのであろう。公共の福祉という制約の中で、健康で文化的な暮らしをするために、科学技術を利用する。その利用のあり方と安全目標はどうあるべきか、How safe is safe enough? は、そのような問いかけである。

安全目標を正面から議論した報告書は、原子力安全委員会安全目標専門部会のものであろう。その検討内容は2003年に「中間とりまとめ」[3)]として公表されたが、原子力安全委員会決定とはされず、リスク管理の意思決定で活用されるには至らなかった。報告書は、安全目標として個人の健康リスクを用いることとし、定性的目標と定性的目標を定めた。同時に、社会的目標の大切さや国民との対話の必要性などを指摘しており、興味深い書物である。「中間とりまとめ」に至るになされた深い議論は、多くの原子力関係者にもまた社会にも十分に伝わらないまま、2011年の東京電力福島第一原子力発電所事故を迎えることとなった。

2013年には原子力規制委員会が「安全目標を定めた」とし、原子力安全委員会の「中間とりまとめ」を実質的に追認するとともに、今後も継続的に議論するとした。しかし、なぜ安全目標が重要なのかが、いまもなお広く理解されているとはいいがたい。根源的な問いである〝How safe is safe enough?〟について考察を深めなければならない。

この報告書が中間とりまとめのままで終わっており、広く社会で議論されるに至らなかったことは、安全の確保に向けて邁進してきた安全への取り組み方と関係しているかもしれない。これは筆者の考えすぎだろうか。

(3) 安全目標の構造

原子力のリスクを例にとって論じてみよう。原子力安全委員会の中間とりまとめは、「社会におけるさまざまな事業活動の中には、非常に有益な成果をもたらすが、他方で周囲の人々の健康や社会・環境に影響を及ぼす危険性、すなわちリスクを伴うものがある。このような事業を行うものを含む関係者には、事業のリスクを抑制することが求められる。この責任は、第一義的にはその事業を行うものにあるが、特に大きな影響をもたらす可能性のある活動に対しては、国は国民の安全を確保する責任から、その事業を行う者に対して国民のリスクを十分小さい水準に抑制する観点から適切なリスク管理活動を求めるなど、リスクの性状・大きさに応じて安全規制活動を行なっている」と述べている。そして安全目標は、事業者が達成すべき、事故によるリスクの抑制水準を示す定性的目標と、その具体的水準を示す定量的目標で構成するとした。

定性的目標は、「原子力利用活動による公衆の健康被害が発生する可能性は、公衆の日常生活に伴う健康リスクを有意には増加させない水準に抑制されるべきである」とした。定量的目標は、「原子力施設の事故に起因する死亡リスクは、年あたり100万分の1程度を超えないように抑制されるべきである」と、定性的目標を踏まえて定められた。

定量的目標について、これは主として施設の安全確保活動の深さと広さを決めるために用いられるので、施設の種類ごとに定量的目標に適合する事故事象の発生確率を性能目標として策定するとした。つまり、施設の安全確保活動で活用するため、施設の特徴に応じて適切な事故事象を選択して、その発生確率によりリスクを抑制するとのことである。

安全目標の構造は階層的となっている。最も高位に日常生活に伴う健康リスクを有意には増加させないという、定性的目標があり、その下位に安全確保活動の深さと広さを決めるために用いる施設ごとの定量的目標がある。定量的目標では、事故事象の発生確率を用いている。これは施設のリスクの抑制水準を具体的に示すため確率が適していると の考えによっている。

原子力安全委員会は、事故によるリスクを健康被害と死亡リスクで代表させてリスク空間を定めた。いまの時代、社会であれば、どのような安全目標の姿とするのがよいだろうか。

(4) リスクの構造：リスクトリプレット

これまでリスクという概念をしばしば使ってきたが、その構造について考えてみたい。S・カプランとJ・B・ギャリック[4]は、リスクとは何かと問われれば、次の三つの質問への答えを示せばよいと述べた。

①どのようにして悪い結果になるのか (シナリオ)

②それが発生する確からしさはどれくらいか (確率・頻度)

③もし発生すればどのような影響があるのか (影響)

リスクを表すには、それが発生する確率や頻度だけを考えていてはならない。発生し得ないような最悪シナリオばかりを心配していてはリスク管理に役立たない。どのようにして悪い結果に至るのかも、適切な対策を決めるために大切である。これらを総合的に考える必要がある。

これをリスクトリプレット (リスクの3要素) とよぶ。安全確保を適切に行うにはリスクトリプレットを意識する必要がある。リスクを抑制する方法は、発生頻度を低減してもよいし (発生防止)、その被害を抑制してもよい (影響緩和)。またそれらの対策を的確に行うには、シナリオを理解しなければならない。

先に挙げた原子力安全委員会の事例は、施設の安全目標に適合する事故事象の発生確率を定量的安全目標とした。原子力施設の安全目標に適合する事故事象とは、原子炉の炉心が溶融する重大事故である。施設の安全確保活動の深さと広さを決めるため、事業者は重大事故を起こさないことを目標と定め、安全確保活動を展開したわけである。重大事故シナリオに対して個人の死亡リスクと重大事故発生確率を考えたこのアプローチは、リスクトリプレットを踏まえていることはいうまでもない。

4　適切な安全の姿を求めて

(1)　ゼロリスクと〝滑稽な安全〟

２０１１年３月に発生した福島第一原子力発電所の事故は、これまでの安全確保の枠組みに何かの欠陥があったことを示した。安全確保とは何をすることか、理解が不十分だったかもしれない。よかれと考えて実施したことが屋上屋を重ねるようであった。本来行うべきことができておらず、的を射ぬ対策に資源を費やしていた。

国民の安全を確保する責任を負う国は、その事業を行う者に対して国民のリスクを十分小さい水準に抑制する観点から、適切なリスク管理活動を求める。いわゆる安全規制である。規制で求められる問題のみに対策を厚く施しておけばよいという発想は、事故など起こらないと高をくくっているからかもしれない。規制で合格点をとればよい、すでに高い安全水準にあるのだからという願望から生じる幻想である。

本来あるべき適切な安全の姿に対して、「安全対策をやればやるほどよい」という立場をとることも理に適わない。あえて自戒を込めて表現すれば、〝滑稽な安全〟の姿に落ち込んでしまう可能性がある。〝滑稽な安全〟に陥らないためには、目指すべき安全の姿を明確にする必要がある。やみくもに想定の範囲を広げればよいというものでもない。それでは本当に重要なシナリオから注意を逸らしてしまうことになる。つまり、主要なリスクをもたらす事象が見えなくなってしまう。

起きてほしくないシナリオは、確率が低く起きないだろうと期待し、無意識のうちに発生し得ないとの証拠を探し求めてしまう。もし発生したらどのようになるか、ちょっとした対策でリスクを抑制する手段はないか。リスクトリプレットの視点から安全確保を考えなければならない。

不足でも過剰でもなく「適切な安全」の姿を保ち続けることが、How safe is safe enough? への回答であろう。答えになっていないようであるが、適切な安全の姿であること、safe enough であることを決めたら、後は適切な安全の姿を描けばよいだけである。

不当なリスクをもたらさぬよう安全の確保に努めることはもちろんであるが、戦略なくしてさまざまな対策を深慮なくとり続けると、不確かさが増して二次的なリスク（対抗リスクもその一つである）の誘因となることも少なくない。無闇に多くの資源を投じながら、実質的な安全向上につながらないばかりか対抗リスクが生じるとすれば、それは滑稽な姿といってもよいかもしれない。ALARPの原則を理解し、適切なリスク管理がなされている状態が「適切な安全の姿」であり、それを実現する論理的な体系が安全目標である。

不適切な安全でもなく滑稽な安全でもない、両者の間にある領域を逸脱しないようリスク管理を行う。そのためには一見、実用的に見える定量的目標から決めようとしてはならない。それは下位目標である。

目指すべき安全の姿の議論が下位目標に引きずられてしまう。リスクの意味合いも、個人の定量的健康リスクのみに留まらず、社会全体の関心、懸念といった概念も含め広義に捉えるべきであろう。

許容リスクの定量的基準を第一に決めることは魅力的である。しかし、安全の確保とはどうすることか、といった高位の目標の議論をなくして定量的基準を定めることは、安全か不安全かと二値的に判断できるとの誤解を与えかねない。安全であろうとこだわるあまり、ゼロリスクを望む姿になっては元も子もない。

(2)　リスクガバナンス

国際リスクガバナンス協議会[5)]はリスクガバナンスを、リスク管理者が「権限を行使して決定を行い実装するにあたり、規範とする行動、プロセス、慣例、制度」であると定義する。安全を確保する、リスクを適切に管理する、適切な安全の姿を目指し続ける、このことは大きな困難を伴う。その難しい課題をこなすために必要なものがリスクガバナンスである。

図3にリスクガバナンスの構造を示す。リスクを理解することと、リスクを活用して意思決定をすることに大別される。

まず、リスクの事前評価を行って、意思決定とリスク管理で考慮する範囲や前提条件などを決める。意思決定に関係する重要なシナリオがリスク評価の範囲に含まれることは当然のことである。

続いてリスク評定を行う。リスクトリプレットについて定量化を行い、リスクの全体像を明らかにする。リスクモデルを構築し、データを用いてリスク評価を実施するので多くの作業を伴うが、貴重なリスク知見が得られる。これを整理・分類すれば、意思決定に役立つ形になる。

リスクの特性化と査定は、リスク評価の実務者と意思決定者の橋渡しとなる知恵である。どのリスク要因が重要なのか、効果的なリスク低減策は何か、対抗リスクはあるか、複数の方策の比較評価と優先度づけ、そういったリスク管理者にとって役に立つ情報として提示される。

リスク管理者は、その他のさまざまな条件や制約を考慮して意思決定を行う。それを実施に移すのみでなく、効果や影響を観察し、リスク評価にフィードバックする。リスク管理者はここまで留意しなければならない。

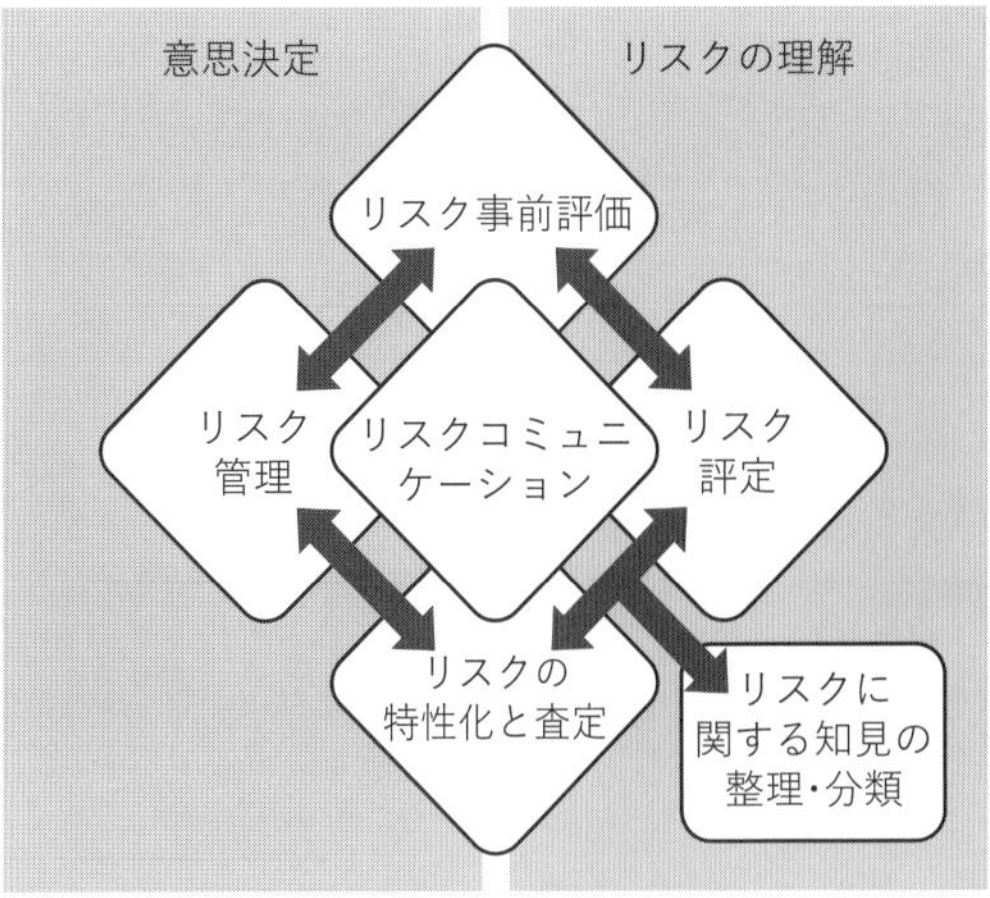

図3　リスクガバナンスの構造

これら全体のプロセスについて、広い意味での利害関係者と対話をすることの重要性はいうまでもない。リスクコミュニケーションが図の中央に位置していることからもおわかりいただけよう。リスクガバナンスは、人々の信頼を失わないこと、リスク認知の多様性を考慮すること、リスク不公平を是正すること、非効率な規制コストを最小化することなどにきめ細かな配慮をする。リスクコミュニケーションは、そのための必要不可欠なプロセスである。

(3) リスク管理と科学技術の価値

「リスクとは、私たちが価値を見出すものについての事象や活動の不確かな影響である」というリスクの定義がある。事象や活動の不確かな影響というところは、リスクトリプレットの考え方と相通じるものがある。着目すべき点は、「私たちが価値を見出すもの」というところである。そのリスクを我慢して技術を採らなければ、技術の価値を享受できない。その技術を受け入れればリスクを背負い込む。悩ましいのである。

no undue riskやALARPの考え方を自然に感じるのは、技術の価値を見ているからだろうか。技術の価値と比較しつつ〝不当でないか〟を判断する、合理的に実現可能かを決める。リスクが抑制されているという状態は、社会の声を傾聴しつつ、我慢できる領域にリスクを管理しているということである。継続的な安全向上とは、そのようなリスク管理の状況が維持されていることである。リスクガバナンスとは、リスク管理を行うための組織、制度、文化、ルールなどが構築されていることである。リスクガバナンスが構築されていれば、継続的な安全の質的向上ができる。すなわち、科学技術の価値があってこそ安全確保のためのプロセスが意味をもつといってもよい。

エネルギー確保の原則は3E＋Sである。この3EとSはエネルギーリスクの評価軸であるが、同時にそれぞれの価値の評価軸でもある。リスクとは、価値があるとするものに対する不確かな影響である、とは的を射た定義であると思う。価値ある技術だからこそ、適切なリスク管理で安全を確保する。エネルギーのリスクは、その対抗リスクも含めて総合的に管理すべきものである。さまざまな評価軸で価値とリスクを表現して、それらの組み合わせによって、エネルギーのベストミックスという、豊かな社会のための科学技術の選択がなされる。

原子力の安全性は国民的な関心事である。第5次エネルギー基本計画は、「燃料投入量に対するエネルギー出力が圧倒的に大きく、数年にわたって国内保有燃料だけで生産が維持できる低炭素の準国産エネルギー源として、優れた安定供給性と効率性を有しており、運転コストが低廉で変動も少なく、運転時には温室効果ガスの排出もないことから、安全性の確保を大前提に、長期的なエネルギー需給構造の安定性に寄与する重要なベースロード電源である」と原子力を位置づけている。原子力の価値はほかにもある。がんの治療、CTスキャナなどの断層撮影、X線検査やPET検査など、放射線や放射性物質を使う技術は日常生活に浸透している。原子力は私たちが価値あるものと考える一つである。

化石燃料も再生可能エネルギーも原子力も、そのいずれにもそれぞれの特徴・役割がある。技術としての価値を有している。目指すべき安全の姿を描き、それに照らし合わせた適切なリスク管理を行う。リスクガバナンスの枠組みに従ってである。これにより目指すべき安全の姿から離れないところでやわらかくリスクが管理されていることが、柔軟で対応力のある安全の確保ではないか。

(4) リスクのやりくり

私たちはリスクをやりくりしながら科学技術の選択を行っていくしかないのではないか。リスクを評価するにしても不確かさがある。技術が社会にもたらす恩恵にも不確かさがある。不確かさがある限り、それを知る方法がなければ科学技術を受け入れるか否かの判断はできないであろう。リスク評価とは不確かさや知識の欠如を明らかにする方法であり、最善の対処方法のいくつかを示すものである。

どうしてもリスクはより小さいほうがよいという願望から離れられない。このもやもやとした感じは、リスクは、私たちが価値あると認めるものに伴う不確かな影響であると考えれば、多少は和らぐのではなかろうか。価値あると認めることから、ある程度のリスクは我慢してもよいかもしれないという感覚が生まれる。それがリスクのやりくりである。リスクをうまくやりくりすることがリスク管理であり、結局はそれが高位の政策目標や安全目標を実現することにつながる。

リスク管理は、起こりやすさや被害などを数字にして、大小関係を比較することではない。リスクの物差しは、複雑な多次元の物差しである。重要な問題になればなるほど、リスクという数字に基づいて決めて（risk-based という）はならない。リスクを含む総合的判断によって決める（risk-informed という）のである。リスクを含む総合的判断とは、さまざまな技術的、政策的、経済的、法制上、社会的要因の組み合わせである。リスクの大小で割り切って意志決定するよりも、risk-informed で悩みながら意思決定するほうがずっとよさそうである。

エネルギーの選択も同様である。3E＋Sという四つの評価軸それぞれの性能に関する価値とリスクの指標がある。技術の価値を上回るようなリスクは受け入れがたいが、適切な安全の姿にリスクが管理されているようであれば、技術の選択肢として考慮する意味がある。

〝原子力を長期にわたって安全に利用することは、エネルギーの確保と環境の保全を両立させる、高位の政策目標を達成するための現実的かつ有効な道筋（第5次エネルギー基本計画）〟である。すべてのエネルギーの価値とリスクを公正に見る必要がある。

再生可能エネルギーは、〝価格低下とデジタル技術の発展により、電力システムにおける主力化への期待が高まっている再生可能エネルギーに関しては、経済的に自立し脱炭素化した主力電源化を目指す〟としている。

原子力も再生可能エネルギーも期待と課題が混在している。しかし、地球温暖化による気候変動や熱塩循環停止は重大な脅威であるだろう。エネルギーが枯渇して生活に支障をきたすのは私たちの生存に関係する。

3E＋Sのリスクとは、地球温暖化のリスクなのか、エネルギーが欠乏するリスクなのか、日本の技術が諸外国に劣後するリスクか、頻繁に停電するリスクか、電気料金が高くなるリスクか、原子力の放射線リスクか。冷静に分析しなければならない。それに答えることができなければ、適切なエネルギー選択はできないであろう。

エネルギーを安定的に手に入れ、それを用いるために、私たちは、日常的に無意識のうちに多少のリスクは我慢している。化石燃料を燃やすと二酸化炭素が出る。原子力は事故リスクがある。水力発電は洪水や環境破壊の心配がある。太陽光や風力は不安定である。リスクを知り、意思決定する、リスク管理を行う、リスクをやりくりしながら豊かな暮らしを実現することが知恵である。

5　豊かな社会を実現するために

国際原子力機関（IAEA）は基本安全原則[6]を発行している。原子力や放射線の利用に関する安全の判断のよりどころである。原則とは、いずれの判断をするのか悩むときにそこに立ち戻れば、適切な選択のガイドとなるようなものである。リスクと安全は、判断の難しい問題ばかりである。

基本安全原則では、基本的な安全の目的は「人々（個人ならびに集団）と環境を電離放射線の有害な影響から防護すること」である。そして、「基本的な安全の目的を達成するに、放射線リスクを生じる施設の運転または活動を不当に制限してはならない」と続く。安全の目的の達成と、活動を不当に制限しないことを両立させる点は注目したい。関連するのは、基本安全原則の第4、「施設と活動が正当であること」である。「放射線リスクを生じる施設及び活動は総体として便益をもたらすものでなければならない」とある。

化石燃料は安定しているが、その分布は偏在していて地政学的な供給は不確かで、環境への影響という観点からは不可逆的である。再生可能エネルギーは広く分布するが、日々の供給は不安定である。原子力は放射性廃棄物の問題があり、被ばくのリスクがある。どのエネルギー資源も何らかの我慢が必要である。私たちはリスクを我慢しながら、また管理しながら、その価値を享受してきたし、これからもそうである。

不思議に思えるが、私たちが使えるエネルギーはすべて原子力エネルギーに由来している。太陽の核融合反応がもたらす光エネルギーが植物の光合成となり、地球のストック資源としての石油、石炭、天然ガスを生んでいる。フロー資源としての太陽光、風力、波力、潮力、水力については、太陽の熱が全地球的な大気と海洋の循環を生んでいる。地熱は地球生成時の核物質の崩壊熱である。原子力エネルギーは地球生成時以来、地中に存在するウランを燃料とする。

リスクガバナンスは、リスクの理解と意思決定で構成されている。不確かさがあるとしても、残留リスクを認識することとリスク管理を正当に行うことで、リスクの管理は効果を発揮する。不当なリスクがないこと、ＡＬＡＲＰの原則、目指すべき安全の姿、安全目標など、リスク管理者がよりどころとするものは用意されている。

ある科学技術が内包するリスクも、総体として便益をもたらすのであれば、科学技術の利用を不当に制限することなくリスクの管理に努める。科学技術に対して責任をもつ者と、科学技術を受け入れる社会の側と、双方の対話を粘り強く進めるしかない。残留リスクをうまく管理してリスクをやりくりすれば、技術の価値を享受して、すべての社会の構成員が健康で文化的な最低限度の生活を営み、公共の福祉と調和をとりつつ豊かな社会を実現することは、それほど難しいことではない。

参考文献

1) USNRC, "No Undue Risk Regulating the Safety of Operating Nuclear Power Plants", NUREG-BR-
2) Reducing risks, protecting people, HSE's decision making process (2001) に加筆して作成
3) 原子力安全委員会安全目標専門部会（２００３）「安全目標に関する調査審議状況の中間とりまとめ」
4) S. Kaplan and B. J. Garrick (1981), "On the Quantitative Definition of Risk", Risk Analysis, 1:11–27
5) International Risk Governance Council (2012), An introduction to the IRGC Risk Governance Framework, ISBN 978-2-9700772-2-0
6) IAEA(2006), "Fundamental Safety Principles", IAEA SAFETY STANDARDS No.SF-1

6章　社会における科学技術のガバナンスと専門家の役割

城山英明

「科学」と「技術」は、一般には「科学技術」とひとまとめにされることが多いが、正確にはそれぞれ異なる。科学が、たとえば物理現象の法則といったような自然界に関する知識の体系であるのに対して、技術は、社会における一定の機能・目的を達成するための手段であるということができる。技術には科学的知識が活用されることが多く、これを狭義の科学技術という。他方、伝統的に利用されてきた道具のように、科学的知識に必ずしも基づかない、経験に基づく技術もある[1]。

現代は、特に狭義の科学技術の役割が大きくなりつつある。同時に、科学のあり方も変わりつつある。20世紀後半に、科学の性格が変わり、技術に近づいたため、科学自体が社会的価値と直結せざるを得なくなっているという[8]。

以上のような性格を現代科学技術がもつため、科学技術をいかに社会的価値につなげるのか、また、いかに社会的リスクを避けるのかが重要になってくる。そのための仕掛けが科学技術ガバナンスである。社会と科学技術との境界には、さまざまな問題や考慮事項が存在し、それらを踏まえて、社会的判断や制度設計を行わなければならない。このような社会的判断のための仕組みが必要であり、問題に対処するための具体的な制度設計のあり方が重要になる。科学技術ガバナンスにおいては、さまざまな分野の専門家、さまざまなレベルの政府（国際組織、国、地方自治体）、さまざまな団体（専門家団体、事業者団体等）や市民といった、多様なアクターが連携・分担、時に対立しつつ、科学技術と社会の境界に生じる諸問題をマネジメントしていく。

本章では、現代社会における科学技術ガバナンスの重要性と、特にその中で専門家が担っている役割について考えてみたい。

1 科学技術ガバナンスの基本的な機能

科学技術ガバナンスに期待される基本的機能として、リスク評価（risk assessment）や技術の社会影響評価（technology assessment）のようなアセスメント、これらのアセスメントに基づくリスク規制・管理、研究開発支援、科学技術の社会的利用を促す移行管理（transition management）がある。以下では、議論の前提としてこれら四つの機能を整理してみよう。

（1） アセスメント

アセスメントには、リスク評価、技術の社会影響評価等がある。まず、リスク評価は、被害の生起確率に被害の規模を掛け合わせたものとされる。しかし、このような評価にはさまざまな裁量的判断、不確実性に伴う判断が伴う[3]。

まず、どのような被害あるいはマイナスの事態を念頭に置くのかは、評価者の選択による。エネルギー利用に関するリスク評価の際に、温暖化に伴う環境影響に焦点を当てることもできれば、エネルギー安全保障上の脆弱性の増大に焦点を当てることもできる。また、被害としては通常、人間の健康影響に焦点が当てられる。しかし時には、動物の健康＝福祉への影響、生態系への影響、あるいはプライバシー侵害のような権利侵害あるいは精神的利益の侵害が対象となることもある。仮に、健康影響に限定して考えるとしても、被害の規模をどのように測定するのかが課題となる。被害の規模としては死者数がとられることが多い。しかし、死亡しない場合でも、負傷等した場合にはQOL（Quality of Life）が低下するので、それを被害として算定すべきだという議論も多い。実際に医療現場では、QOLに関する議論が広範に行われている。

被害の生起確率については、人体実験を行うことはできないため、疫学データや動物実験データ等が活用されることになる。動物実験のデータから人間への影響を推定する際には、一定の安全係数をとり、保守的に推計することになる。また、影響そのものが不確実である場合もある。このような不確実性が問題となった近年の事例として、低レベルの放射線の健康影響（低線量被ばく）がある。放射線被ばくについては、原爆の際の疫学的データはあるが、そのデータでは100ミリシーベルト以下の影響を疫学的に確認することはできない。他方、分子生物学レベルで低線量被ばく影響のメカニズムを明らかにすることが行われているが、細胞レベルの現象と個体レベルの現象との関連づけは不十分であり、また、例外がないレベルでメカニズムを明らかにするには至っていない[9]。

このようなさまざまな裁量的判断、不確実性に関する判断を通して、リスク評価においては、さまざまなところに裁量的判断、政治的判断が埋め込まれ得ることになる。

技術の社会影響評価（technology assessment）とは、独立した立場で科学技術の発展が社会に与える影響を広く洗い出して分析し、それを市民や政治家、行政に伝え、相互の議論や政策決定を支援する活動である[6]。技術の社会影響評価は、科学技術やその社会的影響について、わかっていることとわかっていないことを整理する、科学技術の発展によって生じる社会的・政策的課題を明確にする、科学技術と社会に対する多様な認識や価値観を可視化する、利害関係者それぞれの相互理解や協働、知識交流を促す、イノベーションや新しい制度設計を支援する、幅広い市民とのコミュニケーションを深めるといった役割を果たし得る。

　このような技術の社会影響評価を行う際には、当然のことながら、どのような影響に焦点を当てるのかに関して、裁量的判断が行われることになる。リスクに焦点を当てるのか、社会的便益に焦点を当てるのか、あるいは、リスクの中でのどのようなリスクに焦点を当てるのか、社会的便益の中でどのような便益に焦点を当てるのかは、裁量的選択の対象となる。また、将来の技術の社会影響を明らかにしようとするならば、将来の技術、将来の社会像についての認識をもつことが必要になる。そのための手段が技術フォーサイトである。技術フォーサイトの対象は技術の将来予測に限定されていたが、近年は、単にフォーサイトと称している場合も多いことからうかがえるように、さまざまな技術の将来を広く俯瞰するとともに、将来社会のあり方も予測し、社会のあり方への影響も視野に入れるようになってきている。ただし、技術の将来予測、社会の将来予測のいずれも、不確実性が高い領域である。

　このように、技術の社会影響評価は、意思決定・政策決定の前提となる支援活動であって、意思決定・政策決定そのものではない。この点では、リスク評価（アセスメント）がリスク管理と異なるのと、同様の立ち位置にある。

(2) リスク規制・管理

リスク管理とは、リスク評価あるいは技術の社会影響評価を前提として、どのレベルのリスクまで許容するのかという線引きの判断を行い、実施するという活動を指す[3]。

リスク管理に際しては、対象リスクをどれだけ重視するのかという主観的判断が重要になる。そのような判断は主体により異なる。心理学者は、リスクの許容度の専門家と一般人の差異について検証するとともに、そのような差異がどのような要因に基づくのかについて研究を行ってきた[10]。専門家は、年間の死亡可能性といった数値を重視するため、たとえば、原子力発電所のリスクを大きなものとは考えない傾向にあるが、一般人は原子力のリスクを許容できないものであると考える。このような一般人と専門家のリスク認知の差異を説明する要因として、便益の程度、曝露の自主性、既知性、コントロール可能性、カタストロフィーの可能性、公平性といった要因が指摘されてきた。

リスク管理に際しては、また、関連する多様なリスクを考慮する必要がある。このような判断に際して、さまざまなトレードオフ（二律背反）が存在することが指摘されている[11]。リスク・トレードオフとは、特定のリスク（目標リスク）を減らそうとして行った努力が、結果として逆にほかのリスク（対抗リスク）を増やしてしまうことを指す。たとえば、オゾン層を破壊するフロンの代替品には、当初、オゾン層破壊は減少させるが温暖化を促進するものがあった。この場合、オゾン層破壊リスクと温暖化リスクがリスク・トレードオフの関係にあることになる。このようなリスク・トレードオフ判断の存在は、しばしば一定の時差を経て明らかになることも多い。たとえば、フロンのオゾン層破壊効果が明らかになったのは、開発後かなり時間が経過してからであった。

リスク管理の判断に際しては、さらに、対象技術のもたらす便益とのバランスを実質的には考慮することになる。そして、便益を判断する際には、誰に便益が帰属するのかという配分的含意も重要になる。たとえば自動車という技術は、多くの死者をもたらすにもかかわらず、その便益が広く配分されるために受け入れられたという面がある。他方、全体としての便益が大きかったとしても、それが一部に集中する場合、社会としてはそのような技術を拒絶するということがあり得る。

そして、どのような便益があるのかというのは、リスク同様、多面的なものであり、科学技術をめぐる政治過程の中でいかなる便益に焦点が当たるのかは流動的である。たとえば原子力技術に関しては、当初は安価なエネルギー技術であるという便益が強調されてきたが、国際的次元を加えることで、エネルギー安全保障を高めるという便益が強調される。また、エネルギー供給に関する便益だけでなく、地球温暖化が社会的な問題と認識されることで、温暖化物質である二酸化炭素を排出しないという追加的な便益が認識されることとなった。他方、石炭火力発電技術に関しては、地球温暖化物質である二酸化炭素を多く排出するというリスクが強調されていたが、石油価格の上昇等によりエネルギー安全保障リスクに対する関心が高まると、産地が世界中に分散しているというエネルギー安全保障上の便益が強調された。

(3)　研究開発支援

科学技術に関する知識を生み出すには、社会が科学者や技術者を養成し、その研究活動を促さなくてはならない。科学技術政策にとっては、研究開発をいかに促進するのかというのが基本的課題となる[4)]。

一方では、研究の自由、すなわち自律的な「科学の共和国」の重要性を指摘する議論がある[12]。このような観点からは、研究開発組織は科学者・技術者が議会や行政府から一定の独立性をもって運営するべきだとされる。「学問の自由」や「研究の自由」といった法概念の役割についても、このような文脈で再検討してみる必要がある[13]。つまり、知的イノベーションを引き起こすには、ヒエラルキー組織の上位者の指示に従って研究を業務として遂行するだけでは不十分であり、重要なアイディアは自発的な探索活動の中から生じるというわけである。このような観点からは、学問や技術における「多様性(diversity)」の確保が重視される。

他方、科学技術の発展を社会的価値に誘導する仕掛けが必要であるという立場もある。そのような立場からは、科学者・技術者ではなく、社会の利益を代弁する主体が科学技術に関する政策決定・意思決定において主要な役割を果たすべきであるということになる。

このような研究の自由と統制という問題は、具体的制度設計としては、大学や研究開発組織へのファンディングの方式をめぐる議論として立ち現れてくる。大学や研究開発組織のファンディングには、大きく分けて二つのものがある。第1の類型は、使途の指定されない自由度の高い資金配分方式であり、コア・ファンディングとよばれる。大学運営のための一般大学資金（GUF：General University Fund）などがそれにあたる。第2の類型は、研究者・研究グループが研究資金の獲得を目指して競争することになるプロジェクト・ファンディングであり、直接政府資金（DGF：Direct Government Fund）ともよばれる。プロジェクト・ファンディングにおいては、資金の使途は各プロジェクトの目的に限定される[14),15]。研究の自由を重視する主体はコア・ファンディングを重視する傾向があり、研究の統制を重視する主体はプロジェクト・ファンディングを重視する傾向がある。近年、一般的には、コア・ファンディング重視からプロジェクト・ファンディング重視への傾向が見られる。

さらに、プロジェクト・ファンディングにおいても、どの程度目的を限定するのか、どのように目的を限定するのかについては、さまざまな選択肢がある。特定の分野において学問的成果を求めるプログラムもあれば、特定の社会的目的に寄与することを求めるプログラムもある。たとえば、日本のファンディング組織の場合、日本学術振興会は前者の色彩が強く、科学技術振興機構は後者の色彩が強い。そして、おのおののプログラムの性格に応じて評価が行われることになり、評価者の範囲（研究者だけなのか、社会のステークホルダーも加えるのか）や、評価の視点（学問的観点だけなのか、社会的経済的インパクト等も考えるのか）などが変わってくる[15)]。

(4)　移行管理

一定の技術を社会が選択した場合、その技術がその後の社会の技術選択を一定期間規定するという現象が発生する（技術選択における経路依存、技術のロックイン効果）。その場合、仮により優れた技術が登場したとしても、既存の技術が広まっているがゆえに、その既存技術の優位が続くことになる。典型的な例としては、キーボードの配列の例が挙げられる。一度技術が入ってしまうと、関連技術との相互関連性、規模の経済といった理由により、固定化が進み、変更することが困難となる[16)]。

このようなロックインは、技術的に生じるだけではなく、制度的に担保されることもある。たとえば、一定の技術が標準として採用されるように制度化されると、ロックインは強固になる。また、ロックインはさまざまな関連する諸制度によって補強される。たとえば、自動車技術のロックインは、道路特定財源制度、警察による交通管理制度、補償のための保険制度などにより補強された。そして、ロックインは、このような技術や関連する諸制度を支える主体によって、政治的に固定化されることになる。これは、既得権益によるレント追求あるいは補囚（capture）であるということもできる。このような制度化には、合理的側面もある。一定の技術に経済的に投資をする企業や関係者にとって、施策の安定性はきわめて重要だからである。逆にいえば、ロックインを明示化することによって、初めて関係者による安定的投資が得られることになる。ただし、その結果として、社会に導入された技術は一定の慣性をもつことになる[2)]。

しかし、社会においては、一定のロックインされた技術の制約から外れて、再度、技術選択を行わなくてはならない状況も起こる。このような状況において、どのように「アンロック」し、どのように新たな技術に関する社会的判断を行い、どのように実施するのかというのは、技術導入にかかわるマネジメントの重要な課題である。ロックインから抜け出すために、技術だけではなく各種制度も含めた社会システムレベルあるいはガバナンスの移行（transition）が必要とされる[5)]。移行とは、既存の構造・制度・文化・実践が破壊され、新たな構造・制度・文化・実践が確立される転換プロセスであるとされる[17)]。

移行のプロセスは、四つの段階として認識されている。各移行段階で、変化の性質や速度が異なる[17),18)]。第1段階は発展前段階である。発展前段階では、社会レベルでの目に見える変化はわずかだが、多くの実験が実施されている。第2段階は離陸段階である。離陸段階では、変化プロセスが始まり、システムの状態が変化し始める。第3段階は加速段階である。加速段階は、互いに反応し合う、社会文化的・経済的・生態学的・組織的変化の累積により、構造的変化が目に見える形で行われる。第4段階は安定段階である。安定段階では、社会的変化速度は低下し、新たな動的平衡に達する。

また、移行のプロセスにおいては、三つのレベルの相互作用が観察される[17),18),19)]。中心となるレベルは、レジームが位置するメゾレベルである。レジームとは、物理的インフラと非物理的インフラ（ネットワーク・力関係・規制なども含む）の双方を含む一定の分野の支配的な文化・構造・実践を指す。これらの制度化された構造は、社会システムに安定性を提供する。次に、イノベーションが行われるミクロレベルがある。そのレベルにおいてニッチとよばれる保護された場が確保され、そこで新規の実験が行われる。海外においては、比較的コストに関する配慮が少なくて済む軍事部門での調達が、ニッチとしての役割を果たすことも多いという[20)]。さらに、高次のレベルとして、ランドスケープがある。これは、変化のプロセスが起こる全体的な社会的環境であり、グローバル化、情報化、高齢化といった動向は、ランドスケープの例といえる。

以上のような移行のプロセスの管理、すなわち移行管理（transition management）は、トップダウンとボトムアップの双方の性格をもつ。一方ではランドスケープの変化を背景として、トップダウンのマネジメントが行われる。他方、ニッチにおける社会実験を基礎として、それらがボトムアップで展開される。たとえば、日本の特区という仕組みは、このようなニッチを制度化する試みといえよう。

移行管理において重要ないくつかの仕掛けがある。第1に、移行管理の初期の問題構造化段階、ビジョン形成の段階においては、通常のルーティーンの政策形成の場とは異なる、非公式的な移行アリーナ

(transition arena) が重要になる[18]。移行アリーナには実験的な試みを行っているフロントランナーが参加する。フロントランナーは、通常の政策形成過程の参加者とは異なる。移行アリーナは、保護された空間あるいはニッチとなり、その中で代替ビジョンやアジェンダ、および行動が検討され、試行される。このような移行アリーナに参加するフロントランナーは、通常の政策形成の場には参加しない外部者であるといえる。ただし、移行アリーナは外部者によってのみ構成されるわけではなく、通常の政策過程参加者と外部者を橋渡しする機能を果たす場合も多い[21]。

第2に、共進化の仕組みが重要になる。レジームレベルでは多様なレジームが並存している。このような多様なレジームは相互に緊張を引き起こすことがあるが、このようなレジームの相互作用が、システムの構造転換の契機となることもある。このようなレジーム間の相互作用は、お互いに外部者の役割として位置づけることもできる。このようなプロセスが「共進化 (coevolution)」である[18]。共進化は、技術と制度の共進化といったレベルにおいても考えることができる。

第3に、フレーミング (問題定義) も重要である。「フレーム」とは問題を認識する方法・枠組みであり、フレームが異なることによって主体の異なった判断や選択が導かれることを「フレーミング効果」とよぶ[22]。フレーミングはステークホルダーの範囲を規定するとともに、それらのステークホルダーの反応に影響を与える。たとえば、LRT・路面電車に関しては、環境にやさしい交通手段という枠組みの下で提示するか、より幅広く高齢者にも配慮したまちづくりの手段という枠組みの下で提示するかによって、反応するステークホルダーの範囲や、これらのステークホルダーの反応が異なってくる[23),24]。

では、ステークホルダーの範囲や支持者を広げるために、つねにフレーミングを広げればいいのかというと、必ずしもそういうわけでもない。フレーミングを広げすぎることで、ステークホルダーの範囲が広がると、調整が難航するという問題もある。実際に、ステークホルダーの範囲を際限なく広げることは、意思決定を阻止するための有効な戦術でもある。バランスのとれたフレーミングとは何かということは、現場の文脈に即して、実践的に探られる必要がある。

第4に、同床異夢と適切なタイミングにおける選択も重要である。多様なフロントランナーが集い、多様な選択肢を検討する発展前段階、離陸段階では、一定のあいまいさが許容される。新たな技術を導入する際は、たとえば、環境を保全するのか、エネルギー供給を確保するのか（エネルギー安全保障）、市民の保健・衛生を確保するのか（人間の安全保障）、あるいは経済性を確保するのかなど、さまざまな目的があり得る。技術選択に関して、これら各種政策目的間での「同床異夢」を求めることが可能な場合も多い。

社会の多様な主体はさまざまな視角や利害・関心をもっており、それらが一致するということは稀である。たとえば、温暖化対策が緊要な課題であると考える主体もいれば、温暖化などよりもエネルギー安全保障の確保のほうが重要であると考える主体もいる。そのような場合、前者の主体は原子力技術やバイオマス・エネルギー技術に温暖化対策として関心をもち、後者の主体は同じ技術にエネルギー安全保障の手段として関心をもつ。そして、主体ごとに関心の観点は異なるわけであるが、一定の技術オプション（＝原子力技術やバイオマス・エネルギー技術）を支持するという点では連合を形成し、合意することができる。この事例の場合、一定の技術オプションを支持するという意味では共通の立場（＝「同床」）が選択されているが、優先課題が温暖化対策なのか、エネルギー安全保障なのかという点では、差異が維持されている（＝「異夢」）。科学技術に関する政策は、多くの分野の政策目標に関与し得るとともに、技術革新はしばしばウィンウィンの解をもたらすため、「同床異夢」をもたらす可能性が大きい[2]。

しかし、一定の臨界点を超えて、新たな技術・制度の実施・普及を図るブレイクスルー・加速段階では、一定のトレードオフ中での選択を行い、スケールアップを行う必要に迫られる場合もある[18]。その場合、誰のいかなる利害関心を切るべきではないのか、誰のいかなる利害関心は切り捨ててもいいのかという判断が求められることになる。特に既得権層との関係では、ブレイクスルー・加速段階においては、実験段階とは異なり、利益の根本的対立もあり得る。

なお、技術導入に伴う利益の対立状況は、既存技術のライフサイクルの長さや、そのようなサイクルの中でどのような時点で新技術導入を試みるのかによっても変わってくる。既存技術のライフサイクルの終盤に新規技術の導入をうまく調整できれば抵抗は少なく、他方、新規技術導入時点が既存技術のライフサイクルの初期である場合は、摩擦が生じがちとなる。また、ライフサイクルが短い場合には新規技術の導入が容易なタイミングが比較的頻繁に到来するのに対して、ライフサイクルが長い場合には容易なタイミングは頻繁に到来するものではない。

2　科学技術ガバナンスの担い手としての専門家

(1)　科学技術ガバナンスにおける多様な主体

科学技術ガバナンスには多様な主体が関与する。そして、このような多様な主体は、異なったフレーミングと利益をもっている。

第1に、科学者、技術者といった専門家がいる。科学者が分析・基礎研究に焦点を置くのに対して、技術者は一定の社会課題の解決・実用化に関心をもっている。もちろん、分析・基礎研究と社会課題の解決・実用化は背反するものではない。双方に関心をもつ、パスツール型研究者も存在する。他方、基礎研究にのみ関心があり実用化に関心のない研究者であるボーア型研究者、実用化にのみ関心があり基礎研究に関心のない研究者であるエジソン型研究者もいる[25)]。

第2に、政府組織あるいは政府間の国際組織を考えることができる。政府には議会部門と執政・行政部門がある。議会は科学技術に関する予算等に関与し、しばしば、超党派での関与も見られる。また行政には、各省庁等の組織が存在する。省庁としては、科学技術に関する政策を主として担当する省庁（文部科学省科学技術関連部局）があるとともに、担当施策の実現にあたって科学技術を利用する省庁（経済産業省、国土交通省、厚生労働省、総務省情報通信関連部局等）がある。国際レベルの行政においても、国連教育科学文化機関（UNESCO）、経済協力開発機構（OECD）科学技術イノベーション局のような科学技術に関する政策を主として担当する組織とともに、OECDの国際エネルギー機関（IEA）、国際原子力機関（IAEA）、国際民間航空機関（ICAO）、国際海事機関（IMO）、世界保健機関（WHO）、国際電気通信連合（ITU）などの、担当施策の実現にあたって科学技術を利用する組織が存在する。

第3に、科学技術を社会において実用化する主体として、企業を挙げることができる。科学者、技術者は、企業組織において活動する場合も多い。戦後の日本では、研究開発に関して、企業の役割が相対的に大きかった。企業にはさまざまな類型が存在する。研究開発に重点を置く企業、製品の製造に重点を置く企業、製品を用いたサービスの提供に重点を置く企業等がある。また、特定分野の活動に集中する企業とともに、さまざまな分野で活動する企業が存在する。

企業の分業形態は、国によっても異なる。米国においては、第三次産業革命（コンピュータ、電気通信、バイオテクノロジー）の時期にイノベーションシステムが変化し、中小企業の研究費の割合が増加し、大企業以外に研究開発に専業する中小企業が増加した。他方、日本においては、技術的なキャッチアップが終わったこともあり、むしろ大企業の自社研究への依存が増大した[26]。

第4に、大学の役割も大きくなりつつある。大学は、教育組織として科学技術に関する社会への人材供給において大きな役割を果たしてきたが、それに加えて、新事業、新産業等の創出においても役割を期待されつつある。そのため、日本においても、米国をモデルに、1998年の大学等技術移転促進法による技術移転機関（TLO）の整備促進、2000年の産業技術力強化法によるTLOの強化および大学教員が研究成果活用型企業の役員を兼任することの許可、2004年の国立大学法人化による教職員の非公務員化などが進められてきた[25]。

ただし、特許のライセンス等を通した新事業等創出への大学の直接的貢献には、分野によるばらつきがある（医薬・バイオテクノロジー分野では多い）。また日本の場合、歴史的には大学と産業界は密接であった。たとえば、産業界から大学への研究費の移転額は、1980年前後には4％だったものが1990年代後半には7％と伸びたが、そもそも1950年代半ばには8％であった[25]。

研究開発組織も重要である。その中でも、公的研究機関の役割が大きい。歴史的に、日本では各省庁の下で現場に近い各種の試験研究機関が大きな役割を果してきた。現在では、独立行政法人という形態で、産業技術総合研究所（産総研）などが存在する。また、日本にユニークな存在として、自治体が設置している公設試験研究機関（公設試）がある。農業に関する公的な試験所は各国に存在するが、製造業のための技術支援機関が広範に存在するのは珍しい[25]。

第5に、市民も重要な主体である。市民は、まず、政治プロセスへの参加者としての立場をもつ。科学技術に関する政治的意思決定は、政府や科学者・技術者への市民の信頼がない場合には難しい。特に、福島原発事故後においては、この信頼度が下がっている[27]。また、科学技術に関する市民からのインプットを得るために、コンセンサス会議や討論型世論調査といった手法が用いられることがある[28),29]。

市民は、市場における科学技術を利用した製品、サービスの需要者としても重要である。このような需要者としての市民は、製品、サービスの安全性に関して敏感であるとともに、新薬製造等の場合は、むしろ患者団体の活動に見られるように、安全性懸念にもかかわらず新薬導入に積極的になるということもある。

（2）専門家の組織における多様な存在形態

科学者、技術者といった専門家が活動する単位にはさまざまなものがある。

まず、科学者、技術者といった専門家が主たる構成員となる組織として、大学、研究開発組織がある。また、専門家が所属組織横断的に、主として個人単位でメンバーとなる学会等の組織がある。学会は、専門職として一定の行動規範を示す。日本においても、表1のように学会レベルでさまざまな倫理綱領等が採択されてきた[30]。

これら以外に、科学者、技術者といった専門家は、政府組織、企業組織においても存在し、重要な役割を果たしている。日本では、政府内における科学技術を専門とする職員集団は技官とよばれ、法律学、経済学等をバックグラウンドとする事務官と対比される。技官集団は、一定の専門性を基礎に一定の自律性をもっている。ただし、省庁により技官の存在形態は多様であり、また、その相対的重要性も異なる[31]。技官が政策形成過程の中でいかなる役割を果たすべきかという問題は、政策形成過程における行政官の役割という一般的課題の一つの類型ということもできる。技官の専門性の基盤が十分確保されているのか、自律性が適切に行使されているのかについては課題も多いとされる[32),33]。また、政府内には、審議

表1　日本における学会等で採択された倫理綱領等

1938年	「土木技術者の信条および実践要綱」策定、技術者の行動規範を提示（土木学会）
1957年	技術士法制定
1961年	「技術士倫理要綱」策定（日本技術士会）
1996年	「倫理綱領」制定（情報処理学会） これ以降、本格的に倫理要領を策定（日本技術士会）
1998年	「倫理綱領」制定（電気学会） 「倫理綱領」制定（電子情報通信学会）
1999年	「土木技術者の倫理規定」制定（土木学会） 「倫理綱領・行動規範」制定（日本建築学会） 「倫理規定」制定（日本機械学会）

会等の委員などの形で、多くの専門家が非常勤職員として存在している。
科学者、技術者といった専門家は、企業においても存在する。企業による科学技術の利活用をいかにして社会的価値につなげていくかという点において、科学者、技術者といった専門家の役割も大きい。このような専門家の企業のコーポレートガバナンスにおける役割は、エンジニアリング倫理を企業レベルで組織として実践していくうえでも重要である[34)]。

(3)　専門家の裁量と民主的統制

科学技術ガバナンスにおける重要な課題は、科学者や技術者のような専門家に、どの程度の裁量を与えるのかという判断である。このような判断は、政府組織において主として問われる。政府組織に即していえば、民主主義制度の下において、選挙等によって選出された主体によって直接的間接的に構成され、一定の正統性をもつ政府による専門家への民主的統制を、どの程度効かせるべきかという判断である。同時に、企業組織においても、経営層の戦略形成との関係で科学者、技術者といった専門家にいかなる裁量を与えるのかが問われる。

この問題は、本人・代理人関係（principal agent relation）の問題として議論されてきた[2)]。本人である意思決定者（政府の場合は議会あるいは政府や各省庁の意思決定者）との関係において、科学者、技術者といった専門家は代理人であるという位置づけになる。あるいは、本人である議会・内閣に対して、専門家を擁する各省庁を代理人であると位置づけることもできる。科学技術に関する決定、あるいは科学技術を用いた公共政策に関する意思決定に関して、専門家等にどのような根拠の下にどのような裁量を与えるのか、その際、専門家等が自己利益を追求してしまうことはないのか、不適切な専門家等に裁量を与えてしまうことはないのか、そのような専門家等の裁量行動をどのようにモニタリング、コントロールするのかというのが主要な課題となる[35)]。関連して、いかにして専門家等の能力確保を図るのかというのも、科学技術にかかわる分野における本人・代理人関係の一側面として重要になる。

科学技術に関する政策においては、内容の専門性が高いこと、外部者による理解が困難であること、科学者、技術者の行動原理として自治が重視されていることのため[12)]、一定の裁量付与が要請される場合がある。また、科学技術情報については一定の不確実性が避けられないため、代理人による情報操作の余地も大きい。他方、代理人の裁量行動の適切性を担保するために、研究者の倫理、科学者倫理や技術者倫理が重視され、また、研究者自身による説明責任が強調される。ただし、このような自律的メカニズムが機能する保証はなく、また、過度の説明責任を要請されることにより、研究自体のパフォーマンスが下がることに対する批判も見られる。

このような本人・代理人関係が観察される一つの局面が、リスク評価・管理に関する意思決定である。一方では、リスク評価・管理における専門性を根拠に、専門家に自律的裁量を与えることが求められる。しかし、実際の政治過程においては、政治的意思決定者は、裁量行使に伴う非難を回避するために、「科学的判断」をお墨付きとして用いようとする動きも出てくる[36),37)]。これは、政治的リスク管理であるということもできる。たとえば、食品安全規制の場合、リスク管理機関である農林水産省・厚生労働省とリスク評価機関である食品安全委員会が役割分担を行っている。したがって、食品安全規制においては、リスク管理に関する判断は農林水産省・厚生労働省の責任なのであるが、ＢＳＥに関する米国からの牛肉輸入再開事例に見られるように、リスク管理担当省庁は、食品安全委員会のリスク評価に関する「科学的評価」を、輸入再開というリスク管理上の判断の正当化に用いようとした[38]。他方、原子力安全規制に関しては、現在の原子力規制委員会の下の体制においても、リスク評価とリスク管理は分離されておらず、原子力規制委員会は科学的評価だけでは説明できないリスク管理に関する判断を説明する必要がある。しかし、原子力規制委員会には、当初、そのような判断もあくまでも「科学的評価」として説明しようとする傾向があった。

本人・代理人関係は、研究開発支援における研究の自由と統制の問題においても見られる。本人である政治的意思決定者との関係において、科学者、技術者といった専門家は代理人であるという位置づけになるが、このような専門家に研究開発の内容・方向性の決定に関してどのような裁量を与えるのか、そのような裁量行動をどのようにモニタリング、コントロールするのかという問題がある[35]。

また、専門性をもつ主体への自律性の付与という現象は、移行管理におけるフロントランナーの役割においても見られる。移行管理においては、単に参加型プロセスを実践するだけではなく、新たなアイディアをもっているフロントランナーによる新たな実験を促進することが必要になる。他方、このようなフロントランナーを裁量的に選択し、自律的に行動させることを、民主的統制という観点からはどのように評価するのかという課題もある。この点では、移行アリーナと公式の民主的制度との関係をどのように設定するかというのも重要な論点となる[18]。

(4) 分野による専門家の役割の差異

科学者、技術者といった専門家の役割は科学技術の分野によっても異なる。原子力技術や宇宙技術といった巨大科学技術とは異なり、近年役割の増している情報技術や生命技術は、小規模な集団や個人でも扱えるようになっており、当該分野における研究開発・利用活動を組織の活動として把握することが困難になりつつある。

このような分野による差異は、「両用技術（dual use technologies）」の管理のあり方の違いにも示されている。多くの科学技術は、さまざまな民生上の目的に利用できるとともに、軍事的な目的にも利用することができる。そのため、どのようにこれらの科学技術の軍事的利用を制限しつつ、民生目的のための利用を促進するかということが課題となる。そのための一つの手法が、民生目的に利用される当該科学技術の軍事転用を管理するための転用管理である[7]。

原子力技術利用においては、1957年にIAEAが発足すると、「平和利用物質（核物質だけではなく資機材も含まれている）が軍事目的のために使用されていないことを確認する」ことを目的として、保障措置の制度が設置・運用されることとなった。その後、1970年の核不拡散条約（NPT）の発効に伴い、新たな保障措置が規定されることとなった。具体的には、1971年に包括的保障措置協定モデル協定文書が策定された。包括的保障措置協定では、計量管理（material accountancy）の構築が求められている。計量管理とは、原子力施設の核物質取り扱い箇所を物質収支区域と規定し、その区域に出入りする核物質の量およびある時点での在庫量を確定するために、核物質を厳密に計量することである。そして、保障措置対象核物質の現状ならびに状況の変化について、当事国からIAEAへ計量管理報告を提出することが義務づけられている。

冷戦後の核兵器開発への転用脅威の拡散により、保障措置体制は強化された。イラクにおける核兵器開発疑惑では、ウラン濃縮技術開発が実際に行われたが、従来の包括保障措置協定では、ウラン濃縮施設の建設計画が推進されていても、核物質が搬入されていなければ協定違反とはならなかった。また、北朝鮮に関しては、使用済み燃料を再処理して回収したプルトニウムが未申告なのではないかという疑惑から、ＩＡＥＡは特別査察実施のための協議を北朝鮮と開始したが、北朝鮮は受け入れを拒否したため、結果として国連の安全保障理事会に対応を求めるほかなかった[39]。

このような冷戦後の経緯を踏まえ、１９９７年にモデル追加議定書が採択された。この追加議定書では、第1に、従来の核物質の種類や量およびその取扱施設に特化した情報の提供だけではなく、核兵器に組み込むことができる核物質生産の可能性を特定することを目的とした、幅広い原子力活動の情報提供が求められることとなった。第2に、補完的アクセスも認められた。補完的アクセスとは、核物質を取り扱わない箇所にアクセスすることにより、申告の完全性を確認するための検認活動である[39]。

他方、生命科学・技術に関しては、原子力技術のような包括的な転用管理体制を構築することはできなかった。生命科学・技術の世界は、近年急速に発展しつつある。遺伝子解析技術は指数関数的な発展を遂げており、バイオテクノロジーの進歩とコンピュータシミュレーションを組み合わせた合成生物学といった分野も成立しつつある。また、生命科学の大衆化も進んでおり、ＤＩＹバイオ（Do-It-Yourself biology）という市民感覚での生物学を広げていこうというネットワークや、「ガレージ生物学」といった動きも見られる[40]。このような生命科学・技術の転用管理を担う生物兵器禁止条約においては、生物兵器の禁止とともに、生物科学・技術の平和利用についても規定されていた。しかし、検証制度は存在しなかった。

その後、一定の転用管理措置は実施されるようになった。1986年の生物兵器禁止条約第2回再検討会議において、平和的な生物学的活動についての情報提供を中心とする信頼醸成措置（CBM）が導入され、1991年の第3回再検討会議においても、追加の情報交換、提供、申告合意について合意された[41]。しかし、2002年に再開された第5回再検討会議において、検証機能強化のための検証議定書の交渉が中断された。従来型の検証措置の検討が中止されたこともあり、生命科学・技術の分野においては、科学者の自主的行動規範の役割が強調されることとなった[42]。

生命科学・技術の分野において、科学者の自主的行動規範が強調された背景には、生命科学・技術が、たとえば原子力と比較した場合、小規模で分散した形で研究・利用されており、組織的チェックが困難であるという研究構造・産業構造上の特色があった。そして、このような構造上の特質を踏まえた実施支援として、2006年の第6回再検討会議では、生物兵器禁止条約履行支援ユニット（ISU：Implementation Support Unit）の設置が決定された[43]。ただし、ISUの役割は、締約国に対する行政的支援、締約国の国内実施支援、信頼醸成措置報告の提出率や報告情報の質の向上を含めた支援などに限られていた[44]。

（5）専門家間の異分野コミュニケーションの重要性

科学者、技術者といった専門家は多様な専門分野ごとに活動している。したがって、専門分野が異なれば認識枠組み、利益が異なるとともに、文法も異なるため、相互のコミュニケーションは困難となることがある。このような異なった専門家間のコミュニケーションの課題は、いくつかの場面で観察される。

第1の場面は、医療倫理である。医療実践の場においては、医師が主導する治療法の決定と看護師が主導するケアの決定が分離されているため、患者の観点からしばしばコミュニケーションとして問題があることが指摘されている。そして、多職種間等で意見が異なるときの意思決定において、多様な価値観を可視化したうえで、合意形成が図られるべきだとされる[45]。

そのような合意形成の取り組みを具体化した仕組みとして、倫理コンサルテーションが実施されている。倫理コンサルテーションとは、患者、家族、代理人、医療従事者、その他の当事者が、ヘルスケアで生じる価値問題の不確かさや対立に取り組めるように援助する、個人やグループによるサービスである。倫理コンサルテーションは通常、医師、看護師、ソーシャルワーカー、法律家、牧師、医療管理者など幅広い専門性をもつ約10名前後の委員で構成される臨床倫理委員会によって実施される[46]。ただし、日本の場合、このような倫理コンサルテーションを担う臨床倫理委員会、あるいは病院内倫理委員会（Hospital Ethics Committee）と、ヒトを対象とした研究において研究倫理審査を担当する施設内審査委員会（Institutional Review Board）の役割を同一の倫理委員会が担うことも多い[47]。そのため、倫理委員会に対して過剰な要求が課されているともいえる[48]。

第2の場面は、原子力安全規制である。福島原発事故の原因として、シビアアクシデント（過酷事故）への対応（アクシデントマネジメント）が不十分であったことが指摘されている。シビアアクシデントとは、設計事象を超えた事象を指す。日本でも、1992年に事業者の自主的取り組みとしてシビアアクシデントマネジメントが導入された。しかし、アクシデントマネジメントの対象から、当面、地震や津波などの外部事象が排除され、対象は炉の爆発などの内的事象に限定されていた。

原子力安全規制が、津波などのリスクに対応できないという状況は、その後も続いた。1995年の阪神淡路大震災の後、地震調査研究推進本部が総理府に設置され、2002年に「三陸沖から房総沖にかけての地震活動の長期評価について」が決定された。長期評価では、三陸沖北部から房総沖の海溝寄りのプレート間大地震（津波地震）に関して、同じ構造をもつプレート境界の海溝付近に同様の地震が発生する可能性があるとした。しかし、このような長期評価の結果は、防災政策に取り込まれることはなかった。資源上の制約から優先順位づけを余儀なくされた中央防災会議の専門調査会では、三陸沖から房総沖の中間に位置する福島県沖から茨城県沖にかけての海溝での巨大地震については、歴史上知られていないため、対応が求められないこととなった。

また、原子力安全委員会では、耐震指針検討分科会が2001年に設置され、耐震設計審査指針の改定作業を開始した。分科会委員には、多様な理学系の地震の専門家（地震学、地質学など）や工学系の専門家が参画した。しかし、さまざまな専門分野間コミュニケーションが難しかったため、改定作業には5年という長い時間がかかった。たとえば、理学系研究者と工学系研究者の間では、確率といった基本的な考え方についてさえ、異なった見方がされていた。このように専門家間のコミュニケーションが不十分であったため、津波について議論する時間も不足し、津波については限定的言及に留まった[49)]。

福島原発事故後の原子力安全規制改革においては、地震や津波に関する分野横断的検討については、丁寧に行われた。ただし、将来的な課題は地震や津波以外の分野との間で発生する可能性があるが、そのような準備は十分なされているのかについては課題が残っている。

第3の場面は、国際的な感染症対応である。2005年に改定された国際保健規則（IHR）では、世界保健機関（WHO）は、国際的公衆衛生危機の発生に際して、被害国、その他の加盟国が実施すべき保健措置に関する暫定的勧告と恒常的勧告を発出することができるとされ、勧告の基準として、必要以上に交通・貿易を制限しないものであるという点も明示された。しかし、2014年にエボラ出血熱の感染が拡大した際には、WHOが迅速に対応することはなく、WHO事務局長は2014年8月になってから「国際的に懸念される公衆衛生上の緊急事態（PHEIC：public health emergency of international concern）」として認定した。また、ほかの国際機関との連携も遅れた。そのため、2014年9月には国連事務総長のイニシアティブにより、グローバルな健康への脅威に対応する初のミッションとして、国連エボラ緊急対応ミッション（UNMEER：UN Mission for Ebola Emergency Response）が国連総会および安全保障理事会の決議に基づき設置されるに至った[50)]。

このようなWHOによる対応の遅れの原因には、各国におけるモニタリング能力やインセンティブの欠如に加えて、緊急時対応実施段階における組織間調整の課題があった。従来、WHO内において、健康セキュリティと人道・緊急時への対応が別個に展開されたため、IHRを含む健康セキュリティ担当組織と人道・緊急時対応の組織間の調整がうまく行われなかった。また、国連システムのレベルでも、人道危機に関するIASC（Inter-Agency Standing Committee）の枠組みの下での国連人道問題調整事務所（OCHA：UN Office for the Coordination of Humanitarian Affairs）による調整が機能しなかった[51]。そして、健康セキュリティ系組織と人道系組織の調整がうまくいかなかった背景には、おのおのの組織が重視してきたリスクの差異があった。人道系組織は、災害発生直後に被害の程度が高く、その後低減するリスクを主に対象としてきたのに対して、健康セキュリティ系組織は、被害の程度は増減しつつ、その後突然増大するようなリスクを対象としてきた。当初、健康セキュリティ系組織ではリスクを認識したものの、人道系組織ではそのようなリスクを早期に認識できなかったという事情が、調整不全の原因としてあった。

このような経験を踏まえて、WHO内の健康セキュリティと人道的緊急時対応の両者を統合するプログラムの必要性が認識され、2016年のWHO総会において統合的プログラムの具体的組織が決定された。また、国連レベルでも健康危機のトリガーシステムと人道危機のトリガーシステムを統合することが勧告され、IASCとWHOの連携強化が図られ、調整のためのSOP（standard operating procedure）などの整備が進められた。

このようにエボラ出血熱感染症は大きなインパクトを及ぼしたわけであるが、2019年末に発生した新型コロナウイルスは、さらにより甚大な健康的、経済的、社会的、政治的インパクトを全世界的に及ぼしつつある。その結果、対応において統合すべき専門的知識の幅も、医学的知識に加えて、経済的知識、安全保障に関する知識等へと拡大しており、そのような幅広い専門的知識をどのように統合するのか、統合された専門的知識をどのように政策決定につなげていくのかというガバナンスの課題に直面することとなっている[52]。

3　科学技術ガバナンスはいかにあるべきか：今後の課題

（1）技術システムの分権化と専門家の役割の増大

前述のように、科学者、技術者といった専門家の役割は科学技術の分野によっても異なる。原子力技術や宇宙技術といった巨大科学技術においては、専門家は集権的な組織的な枠組みの下で活動することを強いられる。他方、近年役割の増している情報技術や生命技術は小規模な集団や個人でも扱えるようになっており、分権的構造ゆえに、当該分野における研究開発・利用活動を集団の活動として把握することが困難になりつつある。

このように技術システムの分権化が進む中で、専門家の自律的役割は増大しつつあるといえる。そして、それに伴い、技術の社会影響評価（テクノロジーアセスメント）といった活動においても、研究開発を担う専門家自身が、自律的に対象技術の社会的影響を見極め、対応策を探っていくことが期待されている。構築的テクノロジーアセスメント（CTA：constructive technology assessment）やリアルタイムテクノロジーアセスメント（RTA：real-time technology assessment）は、そのような試みであると位置づけることができる[53),54)]。また、責任ある研究イノベーション（RRI）という概念やプログラムの趣旨にも、類似の側面がある[55),56)]。RRIの具体的内容としては、予期（anticipation）、省察（reflectivity）、包摂（inclusion）、応答性（responsiveness）があるとされ、その各機能について研究開発者自身が一定の役割を果たすことが求められる[57)]。

実際に、ナノテクノロジーやAIといった新興技術の分野においては、複数組織の専門家がボトムアップに連携したリスク評価や技術の社会影響評価が行われてきた。たとえば、米国における化学メーカーのデュポンと環境NGOのEDFが協働して、ナノ物質のリスクアセスメントの枠組みを構築した[6]。

人工知能の分野では、PAI（Partnership on Artificial Intelligence to Benefit People and Society）といった試みが行われている[58]。PAIは、AI技術のベストプラクティスを開発・共有し、AIに関する公衆の理解を向上させるとともに、AIおよびその社会的影響に関する議論と関与のためのオープンなプラットフォームを提供するため、2016年9月に設立された。アマゾン、グーグル、フェイスブック/ディープマインド、マイクロソフト、IBMが企業構成員として設立を主導し、AAAI、アメリカ自由人権協会等が非営利構成員となっている[59),60]。その後、企業構成員としては、アップル、ソニーなどが参画し、非営利構成員としてはヒューマンライツ・ウォッチ、オクスフォード大学のFHI（Future of Humanity Institute）などが参画している[61]。具体的には、安全性、公正性・透明性・アカウンタビリティ、人とAIシステムの協力、労働・経済への影響、社会的影響、社会善との関係等に関する検討を進めてきた[62]。

(2)　ガバナンスにおける役割を果たすうえでの専門家の課題

現代科学技術のガバナンスにおいては、生命技術、情報技術といった分野を中心に、専門家の自律的役割の相対的重要性は高まっている。他方、専門家がそのような期待される役割を果たすためには、専門家自身が克服しなければならない課題も多い。

第1は、専門家間での分野横断的なコミュニケーションの確保の課題である。専門家は単一ではなく、分野ごとに分断されているため、専門家への委任によって問題を解決することが困難な場合もある。同じ課題であっても、どの分野のどの専門家に委任するかによって結論が異なってくるため、委任先をめぐる選択や、異なった委任先で異なった結論が出ることに伴う対応を迫られる場合も多い。そのため、社会にフィードバックする前提として、専門分野間での分野横断的コミュニケーションを確保することが必要になる。

しかし、上述のように、福島原発事故に至る原子力安全規制改定においては、地震、津波等に関する理学系研究者と、原子炉設計に関する工学系研究者との分野横断的コミュニケーションの困難が阻害要因となり、エボラ出血熱に対するＷＨＯ等国際組織の対応に関しては、健康セキュリティ系組織と人道系組織の、対応すべきリスクに関する認識の違いが阻害要因となった。また日常的には、臨床医療倫理の確保において、医師の治療法に関する判断と看護師のケアに関する判断を患者の観点からどのように統合するかが問われている。

第2に、政策的意思決定者と専門家との協働的関係を、どのように設定するのかという課題がある。たとえばリスク評価・管理といった課題はトランスサイエンス問題としての性格を帯びるため、一定の協働関係が要請されることとなる。

トランスサイエンス問題とは、科学に答えることが期待されるが、科学だけでは答えることのできない問題である[63]。たとえば、低レベル放射線の生物学的影響、経験等も加味する「工学的判断（engineering judgement）」、どこまで安全にすれば十分かといった問題がそれにあたる。これらの問いについては、科学的判断と政策的判断を組み合わせることが求められる。このような状況において、科学者は、「境界確定作業（boundary work）」を行い、ある一定の問題を科学の境界の中の問題であると主張し、交渉することを通して、当該問題に関与する権威を確保し、決定における自律性を得ようと試みる[64),65),66)]。他方、政策的意思決定者は、問題には科学的要素だけではなく政策的要素が含まれていることを根拠に、このような境界画定を試みる科学者と対立することになる。ただし、前述のように、政策的意思決定者にとっても、自己正当化や非難回避のために、このような科学者等の専門家の自律的判断を活用するメリットがあり得る[36),37)]。

(3)　つなぎ役を誰が果たすべきか

最後に、異なる専門分野の専門家間の分野横断的なコミュニケーションにしても、あるいは、政策的意思決定者と専門家とのコミュニケーションにしても、誰がつなぎ役を果たすべきかというのが課題となる。

たとえば、福島原発事故前の耐震審査指針改定プロセスでも、事務局と専門家である委員との役割分担に関する議論があった。理学系と工学系、あるいは理学系相互間の分野横断的コミュニケーションを、専門家たる研究者自身が社会全体を視野に入れて行うべきなのか、事務局等のファシリテーターの役割が不可欠なのかについて議論が行われた。実践的には、このような分野横断コミュニケーションの効率性をどう確保するのかという課題もある。この耐震指針改定プロセスでは、地震にかかわる部分に議論を集中したため、結果として、地震に伴うその他の事象、特に津波の検討がおろそかになってしまったという面もあった[49)]。

日常的には、臨床医療倫理の確保において、医師、看護師、患者など多様な観点の調整機能を誰が担うべきかという課題がある。ここでは、一定の調整業務を担ってきた看護職に一定の役割があるのではないかという議論がある[45]。

近年関心を集めつつある分野でいえば、ＡＩを企業などの組織で活用していく際に、どのような体制で倫理面での適切性を確保していくのかという課題がある。電気電子技術者協会（ＩＥＥＥ）は、世界各地でさまざまなステークホルダーの意見も聞きながら、IEEE Ethically Aligned Design を策定してきた[67]。その中では、医学研究における施設内審査委員会（ＩＲＢ）などの例も念頭に置きながら、組織内にＣＶＯ（Chief Value Officer）を設置するというオプションが示されている[68]。しかし、組織の中で、調整機能をＣＶＯという単一の主体に依存するのが適切なのか、科学者、技術者等のさまざまな専門家が、おのおのＡＩ利用に伴う価値調整の必要性を認識し、携わることが適切なのか、意見は分かれ得る。

参考文献
1)城山英明（２０１８）『科学技術と政治』、ミネルヴァ書房、序章
2)同、第１章
3)同、第２章
4)同、第６章
5)同、第８章
6)同、第９章
7)同、第１２章

8) 村上陽一郎（２００６）『工学の歴史と技術の倫理』、岩波書店
9) 一ノ瀬正樹（２０１３）『放射線に立ち向かう哲学』、筑摩書房
10) Slovic, Paul (1987), "Perception of Risk", Science, Vol. 236
11) グラハム、ジョン・D、ウィーナー、ジョナサン・B編（菅原努監訳）（１９９８）『リスク対リスク：環境と健康のリスクを減らすために』、昭和堂
12) Polanyi, Michael (1962), "The Republic of Science: Its Political and Economic Theory", Minerva, Vol. 1-1
13) 山本隆司（２００７）「学問と法」、城山英明・西川洋一編『法の再構築Ⅲ　科学技術の発展と法』、東京大学出版会
14) 小林信一（２０１２）「研究開発におけるファンディングと評価―総論―」、調査報告書「国による研究開発の推進」、国立国会図書館（http://dl.ndl.go.jp/view/download/digidepo_3487162_po_20110214.pdf?contentNo=1）２０１９年８月１６日確認
15) 標葉隆馬・林隆之（２０１３）「研究開発評価の現在―評価の制度化・多元化・階層構造化」、科学技術社会論研究、第１０号
16) David, Paul A. (1985), "Clio and the Economics of QWERTY", The American Economic Review, Vol. 75-2
17) Loorbach, Derk (2007), Transition Management: New Mode of Governance for Sustainable Development, International Books
18) Voss, Jan-Peter, Smith, Adrian and Grin, John (2009), "Designing Long-term Policy: Rethinking Transition Management", Policy Science, Vol. 42
19) Geels, Frank W. (2002), "Technological Transitions as Evolutionary Reconfiguration Processes: A Multi-level Perspective and a Case Study, ", Research Policy, Vol. 31-8/9
20) Kemp, et al. (1998), "Regime Shift to Sustainability through Processes of Niche Formation: The Approach of Strategic Niche Management", Technology Analysis and Strategic Management, Vol.10
21) Loorbach, Derk (2010), "Transition Management for Sustainable Development: A Prescriptive, Complexity-Based

Governance Framework", Governance, Vol. 23-1
22) 城山英明（2008）「技術変化と政策革新—フレーミングとネットワークのダイナミズム」、城山英明・大串和雄編『政治空間の変容と政策革新①　政策革新の理論』、東京大学出版会
23) 上野貴弘・城山英明・白取耕一郎（2007）「路面電車をめぐる社会意思決定プロセス」、鈴木達治郎・城山英明・松本三和夫編『エネルギー技術導入の社会意思決定』、日本評論社
24) 深山剛・加藤浩徳・城山英明（2007）「富山ではなぜLRT導入に成功できたのか?—政策プロセスの観点からみた分析」、運輸政策研究、10巻1号
25) 後藤晃（2016）『イノベーション：活性化のための方策』、東洋経済新報社、第3章
26) 同、第1章
27) 谷口武俊・土屋智子（2015）「科学技術や原子力発電に対する市民及び専門家の意識—福島第一原子力発電所の事故の以前と以後—」、城山英明編『大震災に学ぶ社会科学第3巻：福島原発事故と複合リスク・ガバナンス』、東洋経済新報社
28) 小林傳司（2004）『誰が科学技術について考えるのか—コンセンサス会議という実験』、名古屋大学出版会
29) エネルギー・環境の選択肢に関する討論型世論調査実行委員会（2012）「エネルギー・環境の選択肢に関する討論型世論調査：調査報告書」(http://www.cas.go.jp/jp/seisaku/npu/kokumingiron/dp/120827_01.pdf)　2019年8月16日確認
30) 札野順（2004）『技術者倫理』、放送大学教育振興会
31) 城山英明・鈴木寛・細野助博編著（1999）『中央省庁の政策形成過程—日本官僚制の解剖』、中央大学出版部、終章
32) 新藤宗幸（2002）『技術官僚—その権力と病理—』、岩波書店
33) 藤田由紀子（2008）『公務員制度と専門性：技術系行政官の日英比較』、専修大学出版局
34) 野城智也・札野順・板倉周一郎・大場恭子（2005）『実践のための技術倫理：責任あるコーポレート・ガバナンスのために』、東京大学出版会

35) Guston, David H. (1996), "Principal-agent Theory and the Structure of Science Policy", Science and Public Policy, Vol. 23-4

36) Hood, Christopher (2002), "The Risk Game and the Blame Game", Government and Opposition, Vol. 37-1

37) Hood, Christopher, Rothstein, Henry and Baldwin, Robert (2001), The Governance of Risk: Understanding Risk Regulation Regimes, Oxford University Press

38) 平川秀幸（２００７）「リスクガバナンス―コミュニケーションの観点から」、城山英明編『科学技術ガバナンス』、東信堂

39) 菊池昌廣（２００４）「国際保障措置強化に向けて」、黒澤満編『大量破壊兵器の軍縮論』、信山社

40) 四ノ宮成祥・河原直人（２０１３）「生命科学とバイオセキュリティ」、四ノ宮成祥・河原直人編『生命科学とバイオセキュリティ：デュアルユース・ジレンマとその対応』、東信堂

41) 黒澤満（２００３）『軍縮国際法』、信山社

42) Gronvall, Gigi Kwik (2005), "A New Role for Scientists in the Biological Weapons Convention", Nature Biotechnology, Vol. 23-10

43) 阿部達也（２０１１）『大量破壊兵器と国際法：国家と国債監視機関の協働を通じた現代的国際法実現プロセス』、東信堂

44) 田中極子（２０１１）「バイオ脅威への対応：生物化学兵器禁止条約の国内実施能力強化」、日本リスク学会誌、２１巻３号

45) 吉武久美子（２００７）『医療倫理と合意形成：治療・ケアの現場での意思決定』、東信堂

46) 藤田みさお・赤林朗（２０１２）「臨床における倫理問題への取り組み」、内科学会雑誌、１０１巻７号

47) 赤林朗（２００２）「倫理委員会の機能：その役割と責任性」、浅井篤・服部健司・大西基喜・大西香代子・赤林朗編『医療倫理』、勁草書房

48) 長尾式子・瀧本禎之・赤林朗（２００５）「日本における病院倫理コンサルテーションの現状に関する調査」、生命倫理、１５巻１号

49) 城山英明・平野琢・奥村裕一（２０１５）「事故前の原子力安全規制」、城山英明編『大震災に学ぶ社会科学第3巻：福島原発事故と複合リスク・ガバナンス』、東洋経済新報社
50) 城山英明（２０１６）「複合リスクとグローバルガバナンス―機能的アプローチの展開と限界」、杉田敦編『岩波講座現代４：グローバル化のなかの政治』、岩波書店
51) Shiroyama, Hideaki, Katsuma, Yasushi and Matsuo, Makiko (2016), "Rebuilding Global Health Governance - Recommendation for the G 7", PARI Policy Brief, (http://pari.u-tokyo.ac.jp/publications/policy_brief_160513_globalhealthgovernance.pdf) ２０１９年８月１６日確認
52) 城山英明編著（２０２０）『グローバル保健ガバナンス』、東信堂
53) Schot, Johan and Rip, Arie (1997), "The Past and Future of Constructive Technology Assessment", Technological Forecasting and Social Change, Vol. 54-2/3
54) Guston, David H. and Sarewitz, Daniel (2002), "Real-time Technology Assessment", Technology in Society, Vol. 24
55) 吉澤剛（２０１３）「責任ある研究・イノベーション―ＥＬＳＩを越えて―」、研究・技術・計画、２８巻１号
56) 藤垣裕子（２０１８）「科学者の社会的責任：第5回」、科学、８８巻６号
57) Jack Stilgoe, Richard Owen and Phil Macnaghten (2013), "Developing a Framework for Responsible Innovation", Research Policy, Vol. 42
58) 城山英明（２０１８）「人工知能とテクノロジーアセスメント―枠組み・体制と実験的試み」、科学技術社会論研究、第１６号
59) ＡＩネットワーク社会推進会議（２０１７）「報告書２０１７―ＡＩネットワーク化に関する国際的議論の推進に向けて―」(http://www.soumu.go.jp/main_content/000499624.pdf) ２０１９年８月１６日確認
60) PAI (Partnership on Artificial Intelligence to Benefit People and Society)(2016), "Industry Leaders Establish Partnership on AI Best Practices" (Press Releases September 28, 2016) (https://www.partnershiponai.org/2016/09/industry-leaders-establish-partnership-on-ai-best-practices/) ２０１８年４月７日確認
61) PAI (Partnership on Artificial Intelligence to Benefit People and Society)(2017), "Partnership on AI Strengthens Its

Network of Partners and Announces First Initiatives" (Press Releases May 16, 2017) (https://www.partnershiponai.org/2017/05/pai-announces-new-partners-and-initiatives/)　２０１８年４月７日確認

62) PAI (Partnership on Artificial Intelligence to Benefit People and Society)(2018), "Thematic Pillars"(https://www.partnershiponai.org/thematic-pillars/) ２０１８年４月７日確認

63) Weinberg, Alvin M. (1974), "Science and Trans-Science", Minerva, Vol. 10-2

64) Gieryn, Thomas F. (1983), "Boundary Work and the Demarcation of Science from Non-Science: Strains and Interests in Professional Ideologies of Scientists", American Sociological Review, Vol. 48-6

65) Jasanoff, Sheila (1987), "Contested Boundaries in Policy-Relevant Science", Social Studies of Science, Vol. 17-2

66) 藤垣裕子（２００３）『専門知と公共性：科学技術社会論の構築に向けて』、東京大学出版会

67) 江間有沙（２０１７）「倫理的に調和した場の設計：責任ある研究・イノベーションの実践例として」、人工知能、３２巻５号

68) IEEE (Institute of Electrical and Electronics Engineers)(2017), "Ethically Aligned Design version 2"(https://standards.ieee.org/content/dam/ieee-standards/standards/web/documents/other/ead_v2.pdf) ２０１９年８月１６日確認

7章　科学技術専門家が市民の信頼を失う経緯

島薗進

科学者や科学技術の専門家が、多くの市民の信頼を失うケースが増えている。科学者が重大な責任を負っているのではないかという問いは、広島・長崎の原爆投下の後にも投げかけられた。科学者が水俣病の病因が有機水銀であることを否定する方向で動き、被害の認定を遅らせるのに寄与したのは1960年代のことである。1980年代には、血友病患者に対する非加熱の血液凝固製剤の使用で薬害エイズを招いたとして、専門家が厳しい批判を浴びた。

その後も、科学者・専門家が市民の信頼を失う事態は数多く起こっているが、福島第一原発事故後のそれは際立って大きなものだった。本章では、福島原発事故後に科学者・専門家の信頼性が問われたことの中でも、放射線の健康影響に関する問題を取り上げ、その経緯を振り返り、歴史的な展望の中で捉え返してみたい。

1　被災住民の信頼を失った放射線対策──福島原発事故

(1)　情報不安と安全の強調：『終わらない被災の時間』

あたかもモルモットのように放射線健康影響についての調査対象とされる一方、安全と健康のための対策はとってもらえない。福島原発事故後、多くの被災住民がそのように感じたことが報告されている。

成元哲《ソンウォンチョル》『終わらない被災の時間――原発事故が福島県中通りの親子に』（石風社、2015年）という書物がある[注]。福島県中通り9市町村で2008年に出生した子供とその母親を対象とした社会調査だ。対象者総数6191人のうち2628人（2014年10月時点）から回答が得られた。40％を超える回答率である。

この調査のまとめ役である中京大学教授で社会学者の成元哲氏は、「情報不安・不確実性」という章を設けている。「どの情報が〝正しい〟のか」がわからなくなってしまったという問題が、深刻な影響を及ぼしていることを示すためである。

> 福島原発事故後、子育て中の親の多くが、「情報不安」を抱えている。要するに、「放射能に関してどの情報が正しいのかわからない」という事態が生じている。情報不安は、「自分が知っているべきと思う情報」と「実際に自分が知っている情報」との乖離が原因であるが、原発事故後の情報不安の背後には、情報の不確実性に加えて、情報発信元に関する信頼の低下がある。（62ページ）

このアンケート調査では自由回答欄が設けられているが、そこでは情報の収集に関する意見が全体で82件書き込まれており、そのうち62件が放射能に関して「正確な情報がわからない」、「情報を信じられない」という趣旨の意見だったという。

『終わらない被災の時間』では、それらを二つに分類して紹介している。一つは「情報の矛盾」という部類で、以下のようなものだ。

「原発事故のことや放射能のことについていろんな人たちが、それぞれいろんな意見をいっているのでいったい誰のいっている事を信じたらいいのかわからないです。」

「専門家の話しもばらばらで何を信用すればよいかも悩まされています。」

次に、もう一つの部類「行政や東電に対する不信」の例を挙げる。

「国も東電も自治体も、自分達を良く見せようとするパフォーマンスばかりで、本当に福島の人のことを考えてくれているとは思えません。（中略）県民を危険にさらしても誰も罪に問われないのはなぜでしょうか？　原発事故以来、人を信じることができなくなりました。」

「いくら安全といわれても、原発直後から、政治家の方から嘘をつかれて、何が本当で何が嘘かいまだに信用できない状況です。放射能、大丈夫という先生もいれば、大丈夫ではないという先生もいます。」

「震災後の国や東電、県、市の対応はひどいものです。20マイクロシーベルトもあることもわからず、私達は震災直後、外で食材、水を求め、並んでいました。〃大丈夫〃という言葉を信じ、いまなお、〃大丈夫だ〃といいはります。しかし、甲状腺検査、ホールボディカウンターをやったり、外で遊べないからと、屋内遊び場を作っています。大丈夫が信じられません。」（64～65ページ）

自由回答には「安全」の語が頻出するが、以下のような例が挙げられている。

「県も市も、教育委員会も、すべて行事にしろ「安全です」で終わらせます」

「県と市は安全のアピールに躍起で、住んでる市民と子供の声を聞かない」
「国・県・市町村や東電などが放射能に関して、安心・安全だといっても一切信じていません」
「食材や水道水が安全といわれても、まだまだ、子どもたちの将来の健康を考えると、国も県、市も信用できません」
「国や県が安全だとしかいわないことが一番に不安に感じる」
「県は安全、安心を合言葉のように使っているが、私は決してそうは思っていない」（238ページ）

(2)「いのちの見守り」としての健康調査

このような被災住民の反応は、政府に協力してきた専門家の姿勢に対する不信にもつながるものだろう。政府に協力して放射線健康影響対策にかかわってきた専門家たちは、「安全であることを示すために見守る」ことが科学の役割だと述べてきた。

「首相官邸災害対策ページ」の「原子力災害専門家グループ」の第15回（2011年9月13日）、山下俊一氏と神谷研二氏による「新たな使命を与えられた福島県立医科大学――災害に強い持続的社会の拠点、復興の世界的拠点として」[2]を見てみよう。これは「福島県県民健康管理調査」（後に、「福島県県民健康調査」と名が変わった）に関するものだ。最初の見出しは『いのちの見守り』の推進母体にとある。

福島県では、放射線の影響を踏まえた将来にわたる健康管理のため、全県民を対象とした「県民健康管理調査」が実施されています。そこにおいては、まず、被ばく線量を推定する為に、事故後の行動調査についての聞き取り調査（基本調査）が行われています。この調査は、6月30日から先行地域2万8千人を対象に始まり、8月28日からは全県民約200万人に対象を拡大して本格的に行われています。

このような調査は、福島におけるいわば『いのちの見守り』ともいえる大事業の一環ですが、今後長く続けられるこの大事業の推進母体となっているのが、公立大学法人福島県立医科大学です。

この県民健康管理調査の「検討委員会」で事前に「秘密会」が開かれていたと報道されたのは、ほぼ1年後の2012年10月3日のことだった[3)]。この「秘密会」は約1年半にわたり開かれ続け、別会場で開いて配布資料は回収し、出席者に県が口止めするほど「保秘」を徹底したものだったという。

どうして「秘密会」を開き、会議の進行を打ち合わせ、情報が漏れるのを隠すようなことをしなければならなかったのか。これについては述べるべきことが多いが、ここでは「基本調査」の目的は何なのかという点に絞って述べよう。医療ガバナンス学会のメールマガジンの602号（2012年9月12日）で、私は次のような問いを投げかけていた（島薗進（2013）『つくられた放射線「安全」論』河出書房新社、240〜243ページ）。

福島県県民健康管理調査はこれでよいのか？

福島県の県民健康管理調査は地元の住民から多くの疑念をもたれている。医師・医療従事者と多くの患者・受診者の間に、信頼に根ざした関係が成り立っていない。これでは医療の基盤が崩れており問題が大きい。甲状腺の検査についてはメディアで取り上げられ、ある程度知られているが、それだけではない。

まず「基本調査」についての疑問を述べよう。概要については福島県県民健康管理調査のホームページを見ていただきたい。

「基本調査」は全県民を対象としたもので「外部被ばく線量推計」とも記されている。そして、「原発事故に関して、空間線量が最も高かった時期（震災後7月11日までの4カ月間）における外部被ばく線量を県民一人一人の行動記録を基に推計、把握し、将来にわたる県民の健康の維持、増進につなげていくことを目的に実施している」と述べられている。

だが、2012年3月31日の段階で、回収率は21.9％とたいへん低い。なぜ、低いのか。基本調査に答えることが健康維持・増進にどう結び付くのかよくわからないからだろう。では、この調査の目的は何だろうか。ページの下のほうに「調査の目的」についての動画があり、その内容はA＝お母さんとB＝説明者のコントだ。

B：今回の原発事故はまさに未曾有の出来事でしたが、この調査は県が今後行っていく健康管理のスタート・基礎になるんです。この調査の中に行動記録というのがあるんですが、これがいま現在、皆さまが外から浴びた被ばく線量を知るための唯一のデータになるんです。

A：これに記入して提出すれば，被ばく線量の推定をしてもらえて，これから先長いこと健康を見守ってもらえるのね。記入するのは面倒だと思ったけど，そんなに大事なものならしっかり書かなくっちゃ。

B：もし回答しなくても，皆さまの不利益になるものではありません。

A：でも，記入する方がしないよりもいいことが多いわよね。自分のためはもちろんだけど，小さい子供のためにも，家族の安心のためにも必要ね。ぜひ書かせていただきます。

この対話（コント）で何が目的だかわかるだろうか。なぜ，「健康管理のスタート・基礎」になるのか。「この程度の被ばくでは影響は出ない」という主旨のことが繰り返し書かれている。それなら調査は不要ではないか。「家族の安心のためにも」とある。調査結果が送られてくると，線量が少なかったことがわかって「安心」するということだろう。安心するほど少ないなら，どうして「健康管理のスタート・基礎」であり，「そんなに大事」なのだろうか。

「健康を見守る」のは何のため？

「健康を見守る」というが，健康にあまり影響がないはずのデータを「基本調査」とすることがどうして「大事」なのか。そもそも記入しなくても「皆さまの不利益になるものではありません」といいながら，「でも，記入する方がしないよりもいいことが多いわよね」というのもよくわからない。実際，これを書き込むことでどんな利益があるのかよくわからない。線量が低いということなら、放射線との因果関係は否定されてしまうわけだから、被ばくによる被害をめぐる訴訟が起こったときには不利な材料になってしまうかもしれないではないか。これは、（先に引いた）山下俊一氏と神谷研二氏の共同執筆の文章から得られる印象とも一致する。

前者ではこの調査は「福島におけるいわば『いのちの見守り』ともいえる大事業の一環」だと述べている。「いのちの見守り」という標語はあちこちに掲げられているものだが、それは県民各自の健康維持・増進にどう役立つのか。これについてはまったく述べられていない。

後者には「今後も、この基本調査から得られた線量推定値を健康管理に活かすと共に、問診票記入の支援などをさらに充実させて、検診による健康管理を推進し、多くの方々の不安解消に努めていきたいと考えています」とある。

「不安解消」という目的

これを見ると「不安解消」という目的があることはわかる。だが、放射線量を知るための問診票と個々人の健康維持のための検診とがどうかかわるのかはよくわからない。もし、かつての行動記録を細かく調べるようなことが必要なほど、放射線の影響の微妙な違いが重要だというのなら、それがわかるようにしてほしいと感じるのではないだろうか。

福島県や福島医大は、「基本調査」の目的は疫学調査にあることを明示すべきだ。その調査自身は個々人の健康維持ではなく、数量的なデータの取得に主たる目的があり、それを診療に生かすことができるのはだいぶ先で、場合によっては数十年先であるかもしれないことも明らかにすべきではないか。そのうえで、被調査者個々人にどのような利益があるのか、あるいはないのか、不利益になる可能性はないのか、説明すべきだろう。その場合、そもそも放射線の影響がないということを示し不安をなくしたいということが目的であるのであれば、それはできるだけ補償を減らしたい側の利益になるとしても、放射線の健康影響を懸念する被調査者の利益に反する可能性があることをも自覚すべきだろう。「いのちの見守り」という耳障りがよい標語ではぐらかすのではますます不信が増幅してしまうばかりである。（引用終わり）

(3) 調査はするが治療はしないABCC

福島県県民健康管理調査（後に福島県県民健康調査となる）は県民に安心をもたらすどころか、放射線健康影響専門家・科学者への信頼喪失を一段と深刻なものにするのに貢献してきた。これはこの領域の医学者が、「調査はするが治療はしない」という姿勢をもっていることと深いかかわりがある。これは１９４７年に始まる米国のＡＢＣＣ（原爆傷害調査委員会）の方針がここにまで引き継がれていることを示すものだ。また、チェルノブイリでそうだったように、もっぱら「不安をなくす」という目標を掲げることによって、かえって住民の信頼を失うという愚を繰り返していることを示すものでもある。

『毎日新聞』２０１７年６月１７日号は、「放影研 被爆者に謝罪へ　ＡＢＣＣ時代、治療せず研究」という記事を掲載している[5]。

原爆による放射線被ばくの影響を追跡調査している日米共同研究機関「放射線影響研究所」（放影研、広島・長崎両市）の丹羽太貫（おおつら）理事長（７３）が、１９日に被爆者を招いて広島市で開く設立７０周年の記念式典で、前身の米原爆傷害調査委員会（ＡＢＣＣ）が治療を原則行わず研究対象として被爆者を扱ったことについて被爆者に謝罪することが分かった。放影研トップが公の場で直接謝罪するのは初めてとみられる。丹羽理事長は「人を対象に研究する場合は対象との関係を築くのが鉄則だが、２０世紀にはその概念がなかった。我々も被爆者との関係を良くしていかなければいけない」としている。

ＡＢＣＣでは被爆者への治療は原則行わず、多くの被爆者の検査データを集めた。被爆者たちは「強制的に連れてこられ、裸にして写真を撮られた」などと証言。「モルモット扱いされ、人権を侵害された」と反発心を抱く人が少なくなく、「調査はするが治療はしない」と長く批判を浴びてきた。

丹羽理事長は取材に「オフィシャルには治療せず、多くの人に検査だけやって帰らせていた。被爆者がネガティブな印象を持って当然で、さまざまな書物からもそれははっきりしている」とし、「おわびを申さなければならない」と語った。歴代の理事長らトップが被爆者に直接謝罪した記録はなく、放影研は今回が初めての可能性が高いとしている。

ＡＢＣＣの調査が始まって７０年、日米共同の放射線影響研究所（放影研）と体制を改めてから４２年だが、「治療せず研究する」のあり方について謝罪したのは、この科学分野の信頼回復に向けた一歩前進となることだろう。しかし、「治療せず研究」の姿勢が、福島原発災害にも引き継がれているのではないかという問題意識は、現在の放影研やこの分野の専門家にはないようだ。

(4) 政府・東電と放射線健康影響専門家

3・11後の早い時期より、多くの住民は、政府・福島県と電力会社が情報を隠し、住民の健康を二の次にしていると感じてきた。政府・福島県と電力会社は放射能被害を避けたい被災地域住民の側に立つよりも、補償を少なくするとともに既存の経済体制を守る方向で動いている——そう感じざるを得なかったのだ。『国会事故調報告書』[6]はそうした住民の疑いが根拠のないものではなかったことを示している。そこでは「政府や電力会社は放射線のリスクをどう伝えてきたか」との問題を立て、事故前も事故後も大いに適切性を欠いていたことが指摘されている。

だが、その背後には科学者・専門家がいる。放射線影響専門家、核医学者、あるいはその周辺領域の研究者らが事故後、政府・東電の立場を支え、放射線の健康影響は小さいという判断に傾斜した立場で助言したり、政策立案にかかわったり、情報提示してきた。そのことによって、住民の福利に反する判断や情報提示が多々なされることになった。こうした経緯を踏まえれば、福島県県民健康調査が福島県民の信頼を得られないのは、むしろ当然というべきかもしれない。

2　放医研、放影研の立場性——放射線健康影響の科学

(1) この分野の歴史の重要性

なぜこのような事態が生じてしまったのか。福島県県民健康調査（福島県県民健康管理調査）では、当初、山下俊一氏が座長となって検討委員会が行われたが、そこには放影研や放医研のほか日本学術会議からも委員が入っている。春日文子日本学術会議副会長も委員の一人だったが、新聞のスクープがあ

るまで、「秘密会」を奇異とは思わなかったらしい。多数派の放射線影響専門家群だけでなく、広く日本の学界もこれを批判できず、むしろ支持していたかに見える。

国民の生活に重大なかかわりをもつ、ある科学分野の専門家たち、それだけでなく周辺の多くの科学者・専門家たちが政府・県や電力会社に肩入れしているのではないか。3・11後に広まった「御用学者」という語にはそうした懸念が込められている。もちろん学界にはこうした科学者・専門家のあり方に批判的な人々も多いのだが、彼らの声が十分に大きく、被災地の市民を元気づけたとはいえないだろう。

では、多数派の放射線影響専門家らが放射能被害を懸念する多くの住民に疎まれるような立場に立つようになるのは、いつ頃からでどのような経緯を経てのことなのだろうか。1954年、第五福竜丸（第五福龍丸）がビキニで被ばくし、広く核実験による被害が懸念され、その後、大国の核実験への懸念が高まっていったときは違う。たとえば、三宅泰雄『死の灰と闘う科学者』（岩波新書、1972年）[7]は、この時期に焦点を当て、日本で「放射線影響と原子力平和利用」という二つの新しい科学分野の形成されてくる過程について述べている。

そこでは、核開発の立場からの科学の統制への懸念が述べられているものの、まだ「科学者の自主性と、学問、思想の自由」を守るという信念は力強く述べられている（ii〜iii ページ）。とりわけ放射線健康影響の分野では、国民の安全のために奮闘した科学者の活動に多くの紙数が割かれている。

（2）放医研が自由を失っていく経緯：放医研は被災当事者を助けなかった

だが「原子力のための二つの研究所」について述べた最終章（第六章）は、暗いトーンが強まっている。二つの研究所というのは、日本原子力研究所と放射線医学総合研究所（放医研）だが、本書とよりかかわりが深い放医研については、次のように述べられている。

> 放医研を作るにあたっては、科学者の自主的な研究を目指して日本学術会議も共同利用研究所の理念に基づく案を出していた。そこには「関係専門分野の研究機関、特に全国の大学と密接な連絡を保って運営すること」という条件も付されていた。しかし、この研究所のプランと並行して科学技術庁が発足し、放医研は文部省の管轄下の大学とは別の官庁に属することとなった。「こうして大学と、この新しい研究所とが「公的に」交流する道は、完全にとざされてしまったのである」と三宅は歎いていた。（１９７ページ）

やがて放医研は、第五福竜丸の乗組員たちから、放射能の被害者に対して冷たい対応をとる機関として批判されるようになる。乗組員の一人である大石又七氏の『ビキニ事件の真実――いのちの岐路で』（みすず書房、２００３年）[8]には、放医研で診察を受けたにもかかわらず、肝臓の障害について知らされなかったことが批判的に叙述されている。

そして、次のような１９９５年１０月の『毎日新聞』大阪版の山内雅史記者の記事を紹介している。

> 関係者によると、放医研は９１年から乗組員の採決でＣ型肝炎ウイルスの有無を調べ始めた。その結果、診断に訪れていない２人を除く１３人中、１２人について感染を確認した。／しか

し、放医研は感染した乗組員に対し通常の医療機関が行うウイルスの種類や特徴などを知らせていなかった。（中略）

放医研は、福竜丸の被曝を機に57年に設立。乗組員について、任意の検診を毎年1回実施しているが、治療行為は行わない。／医療関係者によるとC型か確認されたのは88年。ウイルスによる肝臓病の75％はC型とされる。輸血感染の場合、約20年で肝硬変になり肝臓ガンに進むケースも多いが、治療法は確立しつつある。

赤沼篤夫・放医研生涯臨床研究部長の話「放医研の仕事は乗組員の傷害がどのような状態か調べることにある。」（100〜101ページ）

では、放医研自身はどのように対処してきたと認識しているのだろうか。放射線医学総合研究所二十年史編纂委員会編『放射線医学総合研究所二十年史』（科学技術庁放射線医学総合研究所、1977年）[9]には、「障害臨床研究部」の「ビキニ被災者」の項に、次のように記されている。

1954年3月1日未明、ビキニ環礁で行われた米国の熱核爆発実験によって生じたフォールアウトに被曝した元第五福竜丸船員（23名、18〜39歳、推定被曝線量は14日間に約170〜600ラド）の中、21名については被災後から現在まで、熊取らがほぼ逐年的に疫学的検査を実施して、その経過を観察、逐次発表してきた。主な検査項目は、理学的診察、血液学的、細胞遺伝学的、肝機能等の生化学的および眼科的検査である。現在検知し得るもので、放射線被曝との関係を見ると表2・3・10・1の如くなる。
このほか、血液学的に重症であった1名は被曝後206日で肝障害で死亡した。また、1名は1975年4月に比較的新鮮な肝硬変で死亡した。他に、肝機能検査で異常を示すものが4名いる。これらを、当初の放射線被曝と直接結びつけることは困難な問題である。その他の検査も含めて、なお今後の追跡調査を必要としている。（149ページ）

表 2.3.10.1　被曝による異常（1975 年 3 月現在）

皮　膚	痕　跡
造血機能	ほぼ正常
染色体異常	あ　り
白内障	な　し

（3）ABCC以来の放射線被ばく研究の歴史

輸血による肝炎の感染の問題が見えていなかったこともあるが、ここには治療的な関心はほとんど見えていない。調査対象者の健康を維持する、あるいは改善することには関心を向けず、臨床疫学的な調査を行ってきたのである。

放医研が50年代に設立されてから、放射線健康影響が少ないことを示そうとする研究に関心を寄せる90年代へとどのような歴史をたどったのか——この問いに答えるゆとりはいまはない。だが、ここで示唆されている「調査すれども治療せず」という放医研の体質は、原爆被爆者に対するABCC、後の放影研（放射線影響研究所）の姿勢と重なり合うものであることは明らかだろう。こうした姿勢を当然と考える科学者・専門家が日本の中でも次第に増加していったのだろうと想像される。

笹本征雄『米軍占領下の原爆調査』（新幹社、1995年）[10]は「原爆加害国になった日本」という副題をもつ。これは「調査すれども治療せず」の姿勢、また、放射線被ばくの被害を過小評価する米国の専門家らの調査姿勢が、いつしか日本の科学者・専門家のものになっていくことを示唆したものだ。放影研や放医研、またほかの研究機関において、こうした変化がどのようにして生じたのか、丁寧な歴史研究が必要とされている。

（4）　近藤宗平と菅原努

ここでは近藤宗平（阪大医学部元教授）と菅原努（京大医学部元教授）の二人に登場してもらおう。この両者は、80年代後半以降の日本の保健物理や核医学に多大な影響を及ぼした科学者だ。この両者は80年代の前半にすでに低線量被ばくのリスク問題に強い関心をもっていた。近藤宗平『人は放射線になぜ弱いか』初版（講談社、1985年）[11]、菅原努監修『放射線はどこまで危険か』（マグブロス出版、1982年）[13]を読めばわかるとおりだが、そこには低線量放射線の健康影響はないとか、放射線は低線量でしきい値があるのではないかという考えはほとんど出ていない。

ところが、1991年の近藤宗平『人は放射線になぜ弱いか』改訂新版[12]や2002年に菅原努氏が松浦辰男氏とともに報告した論文「被爆者の疫学的データから導いた線量―反応関係――しきい値の存在についての考察」[14]を見ると、大きく変わっている。この間に低線量放射線被ばくによる健康影響にはしきい値があるという考え方に傾いていったことがよくわかる。80年代の後半、電力中央研究所（電中研）の服部禎男《さだお》氏がこの両大家に働きかけたことが思い起こされる。服部氏と連携した近藤氏や菅原氏は、日本の低線量放射線のリスク評価研究を原発推進の方向へ大きく転換させようとし、それを軌道に乗せていく。

（5）政府・電力会社と放射線健康影響専門家

前にも触れた『国会事故調報告書』[6]では、「規制当局と電気事業者との「虜《とりこ》」の関係」に注目し、「原子炉設備に関する規制のみならず、放射線管理についても同様の働きかけを行っている」ことを論点に取り上げている（5・2・3、477ページ～）。

電気事業者は事故前より放射線防護規制を緩和させようとしていた。そのために、放射線の健康影響に関する研究については、より健康被害が少ないとする方向へ、国内外専門家の放射線防護に関する見解については、防護や管理が緩和される方向へ、それぞれ誘導しようとしてきた。具体的には、以下のような見解を支持する研究や防護・管理の方針が進むことを期待していた。（479ページ）

そして、いつどのような場で示された資料であるかは明らかにされていないが、次のような「電事連資料」をいくつか例示している。

1．線量蓄積性に関する研究→線量影響が蓄積しないことが科学的に実証されれば、将来的に線量限度の見直しなどに大幅な規制緩和が期待できる。

2．リスクの年齢依存性に関する研究→リスクの年齢依存性が科学的に実証されれば、将来的に年齢毎の線量限度の設定など一部規制緩和が期待できる。
3．非がん影響に関する研究→最近、EUを中心に科学的な知見が不十分であっても予防原則の観点から厳しい放射線防護を要求する動きが強まっていることから、非がん影響についても過度に厳しい放射線防護要求とならないよう研究を進める必要がある。（479ページ）

こうした働きかけが実際にどのような研究に具体化されていったかについては拙著『つくられた放射線「安全」論』[4]である程度、示すことができたと思う。そこに電気事業者だけでなく政府（自民党政権）が深く関与してきたことも明らかだ。

3　放射線健康影響という分野の歴史

（1）原子力開発・利用と「実学」としての保健物理

では、こうした動向にかかわってきたのはどのような専門家たちなのか。科学的な専門分野としては、主に保健物理と放射線医学がかかわっている。ここでは「保健物理」について述べよう。辻本忠氏の「これまでの保健物理」[15]という文章が役立つ。

1942年Enrico Fermiによってシカゴ大学で世界最初の原子炉（シカゴ・パイル）が完成した。この原子炉は原子爆弾の材料となるプルトニウムを生産するために作られたものである。プルトニウムについては人体に障害を及ぼす恐れがある。そこで、原子炉が完成するに先立って、A. H. Compton を委員長に数人の物理学者が集まり、原子炉から出る放射線及びプルトニウムのような放射性物質から作業者や研究者及び環境を物理的方法で護るための研究を始めた。そして、この人達の研究部門は〝Health Physics Division〟と呼ばれていた。Health Physics という用語を初めて用いたのはこのときからである。保健物理とは Health Physics の直訳である。A. H. Compton は「保健物理とは放射線障害を防止するために安全な被ばくレベル、遮へい、放射性廃棄物の放出等について研究を行う」と述べている。その後、原子力の開発に伴い、この分野が急激に発達していった。

つまり、原子力の開発・利用と相即し、放射線防護のための専門科学分野として保健物理は形成された。辻本氏は保健物理がこのように原子力開発の副次的分野であることについて否定的ではない。むしろそのことを積極的に受け止め、「実学」として進んでいくのが保健物理の本来的なあり方だと述べている。辻本氏は個人的な考えとして、そこにさらに「安心」のための心の問題の考察も含めたいとしている。辻本氏はいう。

保健物理（学）は原子力の発展に伴って急激に発達した新しい学問であり、また実学であるので学問体系を構築するのは非常に難しい。そのため、人によっていろいろと見解の相違がある。また、実学であるので時代の影響を大きく受ける。よって一義的に定義する事が非常に難しい。これまで、放射線の人に与える影響は身体的影響と遺伝的影響に区分されている。私の個人的な見解ではあるが、上記二つの影響に心理的な影響を付加させたい。放射線に対する心理的な影響で健康に害を及ぼす人もいる。……昔、東京大学の吉沢康雄教授の研究室は「放射線健康管理学教室」であったと思う。私の個人的考えでは、もう一歩進んで「放射線の安心科学」にしたい。

「保健物理は実学」ということの意味だが、保健物理は原子力利用と不可分のものであるから、原発推進の時代にはそれに沿って保健物理を強化すべきであり、保健物理の専門家もその自覚の下に研究を進めるべきだという主張が含まれている。

ところが最近になりアメリカが原子力発電に積極的になると日本でも「原子力ルネッサンス」と叫び、再び原子力工学科の設置が計画されはじめている。

鳩山由紀夫首相は9月22日に国連気候変動サミットで日本の温暖化ガスの中期目標について、「2020年までに1990年比で25%削減を目指す」と表明した。この目標を達成するには原子力発電所の役割が非常に重要になる。原子力発電所を発展させるには保健物理の活動が必須である。人材というものは急に育つものではない。これからも原子力発電を発展させていくには保健物理が活動しなければならない。それには、国および原子力関係者はもっと保健物理（学）を理解していただかなければならない。

原子力発電所を発展させるのに貢献するのが保健物理という学問分野の使命だということになる。放射線の健康影響を低く見積もることも、その使命の範囲内ということになりそうである。

そこで、原子力利用に資するという意味での「実学」であることを主張することになる。そのことと関連して、この学問領域は個々人のアカデミックな研究業績によってではなく、政策担当機関と協働して組織的に進められるべきだという考えも見られる。

K. Z. Morgan は原子力研究所の中の保健物理の位置付けを次のように述べている。「国は研究所を助成し、研究所長は保健物理部を助成している。そして、保健物理部では部長、室長、研究員、技術者、秘書などが一致協力して仕事を進めていく。そして、その成果が直接研究所の頭脳に報告できるような組織でなければならない。

実学というものは時と共に変わって行くものである。原子炉のような大型施設を作るのも一つの研究である。この時には K. Z. Morgan が言われていたように、所長も研究者も技術者も一致団結して原子炉の建設に立ち向かう。（中略）京都大学原子炉実験所の初代より三期まで所長を勤められた柴田俊一先生は常に「管理優先、研究尊重」言われていた。ところが、文部省が各大学の評価を行った際に京都大学原子炉実験所は「A1」評価になった。「A1」とは一番よい評価であると思っていたが、一番悪いという事が後でわかった。それからというものは、教官は研究が使命である。そのため、研究優先、管理尊重に代わっていった。そして、現業的な仕事は技官に任せ、教官は研究に専念するようになった。しかし、研究というものはこのように画一的なものではない。特に保健物理（放射線管理）というものは実学で現場の中に入り込み、社会の動きについても変わっていかなければならない。

実際的な有用性こそを求めるべきであり、学問的な洗練や充実は二の次だと受け取れる主張である。

ここで名前が出てくるカール・Z・モーガン（K. Z. Morgan, 1907-99）は米国の、そして世界の「保健物理（学）」（health Physics）の創始者の一人として知られ、米国保健物理学会初代会長、国際放射線防護学会初代会長を務め、ICRPでは内部被ばく線量評価委員会委員長を20年にわたって務めた物理学者である。彼が保健物理の創始者となり、30年近くその分野のリーダーとして活躍し、後に原子力開発を是とするあまり放射線の健康影響を過小評価してきたことを悔いるようになる経緯については、ケン・M・ピーターソンとの共著『原子力開発の光と影――核開発者からの証言』（昭和堂、2003年、原著は1999年）[16]に生き生きと叙述されている。

宇宙線物理学を研究していたモーガンは1943年、マンハッタン計画の進捗とともに、放射線の人体への影響を予測し防護基準や防護策を提示するためのシカゴ大学の学術計画に招かれた。そこで彼はロバート・ストーンら数人の科学者から「保健物理」の研究に加わるようにといわれる。だが、モーガンはその言葉の意味がわからなかった。

ショックを受けて、私は次のようなことを言いながらドアの方へ進み始めていた。「何か重大な間違いがあるにちがいありません。私は『保健物理学』についてこれまで耳にしたことさえありません。」

彼らは、笑い、ほとんど同時に繰り返して、「頑張れよ、カール。私たちが2、3ヶ月前に保健物理学という言葉を発案するまでは、私たち自身だってそれについて一度も耳にしたことがなかったんだよ。」彼らは、物理学者によって最もうまく処理されると思われる、重大な健康問題について気づいているのだ、と説明した。そういうことから、大学でのこの新規部門は「保健物理学」と呼ばれた。（20～21ページ）

モーガンは数カ月後に、テネシー州オークリッジの国立原子力研究所に移り、その保健物理部の部長となる。戦時中の緊急の判断で着くことになった職務だが、後にモーガンは、それが必然的に人体を脅かす放射能の被害を軽視する傾向をはらんでいることを認めることになる。

(2)　低線量「しきい値なし」論の否認と保健物理の専門家による批判

辻本氏の文章に戻るが、保健物理の研究成果がアカデミックな審査で低い評価を与えられたので、科学研究充実の方向に向かう研究者が増えた。しかし、これはこの専門分野の主旨に反すると辻本氏は述べている。むしろ組織一丸となり実用目的に沿って動いていた初期のような「実学」としての自覚を取り戻すべきだという。辻本氏のこの考えが保健物理の専門家の共通見解だといいたいわけではない。ただ、専門分野を代表するような有力な研究者の一人がこう述べていることは注意しておいてよいだろう。

近藤宗平氏や辻本忠氏の述べていることからわかるのは、日本の保健物理の分野では、1）ICRP防護基準の重要な柱である低線量「しきい値なし」論を否認することを目指す研究者が多かったこと、2）

「しきい値なし」論の否認は防護にかかるコストを下げるのに通じており原発推進に適合的であると意識されていたこと、3）そのことが彼らが進める研究のメリットだと主張されてきたこと、4）この種の研究の推進が政治的な背景をもち、異なる立場からはそれへの批判が強いことが意識されているはずであること、5）しかしそうした批判者との学問的討議の場を設けることは避けられてきたこと、などである。

事実、近藤氏、辻本氏が目指すような路線での研究を精力的に進めてきた酒井一夫氏は、この研究分野の新たな世代の代表的研究者として政府等の多くの委員の任務を与えられてきた。酒井氏のみならず、3・11原発事故後に「首相官邸原子力災害専門家グループ」や「日本学術会議東日本大震災対策委員会放射線の健康への影響と防護分科会」に名を連ねた放射線の専門家からは、厳しい防護基準に沿った対策を回避するような発信が目立った。文科省による福島県の学校等の20ミリシーベルト基準の指示（2011年4月）や、食品安全委員会が暫定基準を厳しく改めようとしたことへの反対（2012年2月）などはわかりやすい例である。

だが、保健物理の専門家がすべていつも、こうした動向に従ったかというとそうではない。1999年4月21日に新宿の京王プラザホテルで行われた公開シンポジウム「放射線と健康」についての赤羽恵一氏（当時、大分県立看護科学大学）の印象記は、こうした動向に対する批判的な視点が当時、健在であったことを示す良い例だ（赤羽恵一（1999）「低線量放射線 影響に関する公開シンポジウム「放射線と健康」印象記」、日本保健物理NEWSLETTER、19号）[17]。そこで赤羽氏は、「しきい値なし」を否認する方向での諸報告の論拠の弱さを明確に指摘している。

低線量の影響のような，影響が微少である問題は，調査・研究において，交絡因子の扱いを慎重にしなければならない。例えば，ホルミシスの説明で，ラドン温泉や高バックグラウンド地域の住民調査が挙げられているが，これは非常に問題があると思われる。温泉自体の環境が負の効果をうち消しているかもしれないし，地域の特殊性も考えられるからである。また，Luckey氏の線量応答曲線は，ホルミシスは全身照射が自然放射線レベルから10Gy／yの間で生じ，許容値は「保守的に」1Gy／yとしているが，これは，既存の放射線影響の報告とかけ離れた数値である。その根拠となった適応応答を示すデータだけでなく，負の影響があるとする既存データの信頼性も同時に分析する必要があるのではないだろうか。

赤羽氏はまた，提示された論証が既存の成果を否定することに急で上滑りしたものであったことも指摘している。そして近藤宗平氏の報告については倫理性にまで立ち入って厳しい評価を下している。

非常に重要な人間性の根幹に関わる問題で，私が放射線防護に携わる者として絶対に無視できない発言は，近藤宗平氏の「原爆の放射線による死亡は無視できる」発言である。同じ言葉を原爆被爆者と遺族の前でも言うのであろうか。これがこのシンポジウムの演者の共通意見ならば，非常に残念なことである。

同氏はまた、科学研究が政治的動機に引きずられていないか、危惧を表明している。

質疑応答の中では、外国の演者から、科学のデータがどういうものかは金がからみ、国民の支持が得られなければ科学的根拠があっても出ない、二つ意見が出てくるとどちらがとられるかは政治の問題で議論は政治的なもの、という意見も出された。（中略）

この公開シンポジウムは低線量影響の研究成果を公開して発表する場として設けられたと思うが、科学的議論であるべきものが、その裏に感情論・政治論・社会的利害関係が見え隠れする。（中略）

低線量の放射線影響を明らかにすることは、非常に困難な課題であり、それに挑む姿勢は評価したい。その分、一層慎重な科学的手法と分析が必要であり、感情論や社会的利害関係を考えることなく行うことが求められるだろう。今回の公開シンポジウムも、ホルミシス擁護派だけでなく、直線仮説支持派も交えて、科学的かつ冷静に議論ができたらよかったのではないか。

この批判は、福島原発事故以後の放射線影響にかかわる政府側専門家の発言や行動を理解する際にも、大いに参考になるものではないだろうか。いまも批判的な立場の研究者・論者との討議は、ほとんど行われていない。

4　科学研究の自由の阻害――放射線健康影響の分野の歴史に学ぶ

(1)　放影研における内部被ばく研究の抑制

ここまで見てきたように、放射線健康影響の学問分野は原爆開発とともにその基盤を築いていき、ＡＢＣＣ（後の放影研）や放医研、さらには電中研のような機関を通して研究が進められ、国家が推し進めようとする原子力開発の意図と切り離せない関係にあった。国際的にも国際原子力機関（ＩＡＥＡ）のような、原爆保有国を主体とした原子力開発のための組織の意図を背後に背負いながら研究が進められてきた。

このような限界を典型的に表しているのが、内部被ばく研究の抑制ということである。『中国新聞』２００７年６月６日号には、「放影研６０年　第3部　被爆地とＡＢＣＣ〈1〉幻の調査」と題された記事が掲載されている[18]。

この記事は、ＡＢＣＣで１９４９年から１６年間、遺伝部や臨床部で医師として働いた玉垣秀也氏（当時、８４歳）に取材したものである。

玉垣さんが「返す返すも残念」としたためた部分がある。原爆の残留放射線の影響調査が打ち切られた時のことだ。

５０年代前半。玉垣さんらは、原爆投下後間もなく入市した人や被爆者の救護に当たった人で、残留放射線の影響が疑われる４２例を聞き取り調査した。それぞれの行動記録を地図に落とし、診察や血液検査をした。嘔吐（おうと）や脱毛、歯茎の出血など明らかに急性症状と見られる例があった。報告書にまとめた。

ところが研究は、この「予備調査」だけで終わった。ＡＢＣＣを管轄する米原子力委員会（ＡＥＣ）の科学者が反対したためだった。「赤痢や腸チフスなどの伝染病でも同じような症状は出る。米国の科学の『常識』では考えられない」が理由だと聞かされた。

玉垣さんは反論する。「救護で入市した人に、栄養状態の悪さや伝染病は考えにくい。残留放射能を否定することはできないと今も思う」。

内部被ばくの研究はその後も放影研でなされずにきた。守田敏也氏は「ＡＢＣＣと放射線影響研究所」という報告文で、ＴＢＳの同名の報道番組（２０１２年７月２８日）を踏まえ、大久保利晃理事長（当時）の言葉を引いて、次のようにまとめている[19]。

福島の人々の不安に答えられない放影研。その原因は放影研のデータには、決定的に欠落したものがあるからだ。

「うちのリスクデータには、内部放射線のことは勘案してありません。」（大久保氏談）

放射線の人体への影響を６０年以上調べている放影研だが、実は内部被曝のデータはないという。しかし言うまでもなく内部被曝は原爆投下でもおきた。爆発で巻き上げられた放射性物質やすすがキノコ雲となりやがて放射性物質を含んだ雨を降らせた。この黒い雨で汚染された水や食べ物で、内部被曝が起きたと考えられている。

「黒い雨の方は、これは当然、上から落ちてきた放射性物質が周りにあって被曝するのですから、今の福島とまったく同じですよね。それは当然あると思うのですよ。それについては実は、黒い雨がたくさん降ったところについては、調査の対象の外なんですよ。」（大久保氏談）

(2) 1960年代以降の研究枠づけ体制の変化

放医研では、すでに1960年代から内部被ばくの研究を行っていた（前掲『放射線医学総合研究所二十年史』[9]、32〜65ページ）。しかし、1964年には線量評価をめぐる広島・長崎の原爆研究への協力については、

「当時、原子力局から原爆の研究とは何事だと強いおしかりを受けたが、所長が再三説明し、しぶしぶ了承したという経緯もあった」（35ページ）

というように、自由な研究がなされやすい体質であったわけではない。結局、「黒い雨」による内部被ばくの研究はできなかったようだ。

こうして放射線健康影響の分野では、軍事的・政治的意図に沿った研究という枠組みが当初からあり、福島原発災害にも引き継がれているのだ。もちろん1950年代、60年代の体制がそのまま2010年代に引き継がれたわけではない。1980年代、90年代には原子力発電を推進しようとする勢力が力をもつようになり、電力会社や原発メーカーなどの経済界の意図、そしてそれを後押しをする政府、とりわけ経産省（通産省）の意図が大きく作用するようになる。

スリーマイル、チェルノブイリ原発災害によってヨーロッパなどでは原発開発が抑制されるようにな

るが、他方で米国のレーガン大統領や英国のサッチャー首相が押し進めた新自由主義的な政策が作用して、利益をあげ、効率を高めるのに貢献する科学技術がもてはやされるようになる。国際的には軍事的・政治的な意図と、グローバルな新自由主義的体制がかみ合って、日本は原発推進に呼応した放射線健康影響研究の担い手として大きな役割を果たすようになっていった（中川保雄（２０１１）『増補 放射線被曝の歴史』、明石書店[20]、拙著前掲『つくられた放射線「安全」論』[41]、など参照）。

（3）外的な力に支配される先端科学技術

マンハッタン計画のように、国家的軍事目的のために科学者・専門家が全面的に動員されるという事態は、むしろ過去のものとなったかもしれない。しかし、それに代わって、新自由主義的な政治経済体制の下で、グローバル社会がその枠組みからはみ出すことがしにくくなるという事態が進行してきた。

その意味では、本来的な意味での科学の自由にとって状況は改善するどころか、悪化していると見るべきだろう。昨今の先端バイオ技術やＡＩなどの開発にかかわる分野では、政治経済的な大組織の利益に奉仕する体制がますます強化されている。政治経済的な大組織の利益に直結するという意味での「イノベーション」こそが、科学技術の最大の価値であるかのような言説が優勢である。

そこで見落とされているのは、将来世代を含め、被害を受けやすい弱い立場の、その声が聞き届けられにくい人々の福利である。そうした人々は調査で取り扱われる数量的対象としてはカウントされるが、科学技術の影響を受けて不利益を被ったり、尊厳を脅かされたりする個々人としては視野に入りにくい立場に置かれがちである。そうした人々の信頼を失っているという事態は、科学技術の倫理にとって重い疑問を投げかけている。

放射線健康影響の科学にかかわる領域の歴史を丁寧に顧みることによって、軍事・政治・経済的な利益に従属しない科学、被災当事者や市民の経験に即し人間的状況を十分に考慮した科学のあり方を展望する必要がある。

参考文献
1) 成元　哲《ソンウォンチョル》（２０１５）『終わらない被災の時間――原発事故が福島県中通りの親子に』、石風社
2) 山下俊一、神谷研二（２０１１）「新たな使命を与えられた福島県立医科大学――災害に強い持続的社会の拠点、復興の世界的拠点として」、首相官邸災害対策ページ・原子力災害専門家グループ、第１５回（９月１３日）
3) 日野行介（２０１３）『福島原発事故 県民健康管理調査の闇』、岩波書店
4) 島薗進（２０１３）『つくられた放射線「安全」論』、河出書房新社（新版（２０２１）専修大学出版局）
5) 竹下理子（２０１７）「放影研 被爆者に謝罪へ　ＡＢＣＣ時代、治療せず研究」、毎日新聞、６月１７日号
6) 東京電力福島原子力発電所事故調査委員会（２０１２）『国会事故調報告書』、徳間書店
7) 三宅泰雄（１９７２）『死の灰と闘う科学者』、岩波新書
8) 大石又七（２００３）『ビキニ事件の真実――いのちの岐路で』、みすず書房
9) 放射線医学総合研究所二十年史編纂委員会編（１９７７）『放射線医学総合研究所二十年史』、科学技術庁放射線医学総合研究所
10) 笹本征雄（１９９５）『米軍占領下の原爆調査』、新幹社
11) 近藤宗平（１９８５）『人は放射線になぜ弱いか』初版、講談社
12) 同（１９９１）改訂新版、講談社
13) 菅原努監修（１９８２）『放射線はどこまで危険か』、マグブロス出版

14）菅原努・松浦辰男（２００２）「被爆者の疫学的データから導いた線量―反応関係―しきい値の存在についての考察―」、放射線と健康を考える会ホームページ（http://www.iips.co.jp/rah/spotlight/kassei/matu_1.htm）
15）辻本忠（２００９）「これまでの保健物理」、保物セミナー（http://www.anshin-kagaku.com/theme_3_1.pdf）
16）カール・Ｚ・モーガン、ケン・Ｍ・ピーターソン（松井浩・片桐浩訳）（２００３）『原子力開発の光と影――核開発者からの証言』、昭和堂（原著１９９９年）
17）赤羽恵一（１９９９）「低線量放射線 影響に関する公開シンポジウム「放射線と健康」印象記」、日本保健物理ＮＥＷＳＬＥＴＴＥＲ、１９号（http://wwwsoc.nii.ac.jp/jhps/j/newsletter/n19/16.html）
18）森田裕美（２００７）「放影研６０年　第３部　被爆地とＡＢＣＣ《１》幻の調査」、中国新聞、６月６日号
19）守田敏也（２０１２）「ＡＢＣＣと放射線影響研究所」（http://www.acsir.org/news/news.php?25）
20）中川保雄（２０１１）『増補 放射線被曝の歴史』、明石書店
21）島薗進（２０１９）『原発と放射線被ばくの科学と倫理』、専修大学出版局

第4部

塔を囲む人々

——執筆者座談会

２０２０年５月１５日（金）、Ｗｅｂ会議システムによりオンラインで開催

参加者：桝本晃章、唐木英明、平川秀幸、山口彰、城山英明、島薗進

司会：大来雄二、司会補：佐藤清

１　原子力発電の過去・現在・未来（福島原発事故と汚染水）

大来　本日はお集まりいただきありがとうございます。本書のきっかけは、電気学会が主催した２回の技術者倫理研修会にありました。科学技術と社会との関係が深く、かつ加速する中で、ぜひ考えたいテーマとして、たいへん有意義なご講演を６先生から頂戴しました。あまりにもったいないので、本として出版しようとなり、さらに本日の座談会になりました。

研修会では、最初に企業人である桝本先生にご講演いただきました。これには意図があって、科学技術が社会で価値を生むためには、実業を担う人々の大変な努力が必要だからです。その最前線にいらした方として、今回もトップバッターをお願いします。

最初のテーマは「原子力発電の過去・現在・未来」です。一例として「福島原発事故と汚染水」の問題を考える中で、過去を振り返り、未来を展望し、広く意見交換をしていただければ幸いです。

桝本　私が研修会で話をさせていただいたのは２０１６年ですが、いまや１００年に一度という大混乱の世の中になってしまって、なかなか的確な判断が難しいかもしれません。

原子力発電は長い歴史の下で社会にいわば植え付けられてきたわけで、科学技術の一つの大きい

場面ということは間違いないわけです。しかし、この状況下でエネルギー需要は世界的にひどく低迷して、混乱、混迷が深まっている。そういう意味で、エネルギーを生み出す、あるいはエネルギーしか生み出せない原子力発電の議論が、難しくなってきていると感じます。これは非常に残念なことです。

科学技術には、影もあるけど、光もある。マイナスもあるけど、プラスもある。そのプラス、人類に対する貢献を見なければ、私は科学技術というものは必ずしも現実の場では語れないと思います。わずか70年の日本の原子力の歴史を見ても、たいへんに紆余曲折があります。しかし、現在では、問題ばかり見えてしまう。これでいいのかなと私は思います。

山口　桝本先生が「いまは科学技術の影ばかり見えてしまっている」とおっしゃいましたが、なぜそういう事態になってしまうのか考えてみたいと思います。

今日のテーマでは汚染水の問題が例に出されていますが、汚染水とはそもそも何なのかと思うわけです。冷却した水を処理して、きれいにしていって、最終的に残ったトリチウムだけを海洋よりも十分低いレベルに希釈して排水する。じゃあ海洋は汚染水か。どこまでいけば汚染水でなくなるのか、と考えたりするわけです。

これは安全にかかわる非常に本質的な問題で、私も使いますが、世界中の原子力技術者たちが問い続けてきたのは、How safe is safe enough? です。この問いは、安全かどうかとは本質的に違うんですね。安全かどうかというのは、要するにどこから汚染水かという答えを求めているわけです。そうではなくて、安全でないという側面を認めつつ、safe enough とはどういうレベルかと問い続ける。そういうものだったと思います。

それで原子力発電の過去ですが、特に日本の場合にはどうしてもHow safe is safe enough? 型の問いができなかった。それが根本にあると思います。汚染水の問題を見ると、いまでもその問いを真剣に考えようとしない。原子力の未来でいえば、その点を問いかける踏ん切り、勇気、そういうものが求められるだろうなと。そうすると、影も光も見える。汚染水かどうかという二者択一ではなく、両方の側面がいつも突きつけられている。原子力だけに限らず、あらゆるテクノロジーで、そのHow safe is safe enough? 型の発想をやっていくというのが未来につながると思います。

唐木　これは、安全かどうかだけの問題じゃないんですね。誰に責任があるのかが問題にされる。海水中のトリチウムは自然のものだから許せるけれど、汚染水は加害者が出したものだから許せないという判断がある。タバコでがんになるのと、放射能でがんになるのは、結果は同じであっても原因は違う。誰の責任なのかで判断が大きく変わる。この感情の問題をどうするのかがたいへん大きいだろうと思います。

平川　いまのお話は、とても重要な問題提起だと思います。安全というのはゼロリスクではなくて、リスクがある程度存在する状態であるけれども、それを安全とみなすということで、たとえば国際基本安全規格（ISO/IEC GUIDE 51: 2014）でも、「安全とは許容できないリスクがないことである」と定義しています。How safe is safe enough? とは、リスクが許容できるかどうかを決める線引きの問題であるわけです。

それとともに大事なのは、許容できるかできないかを決めることには、科学的な判断を前提にしつつ、便益とのバランス、費用対効果、技術的制約、社会の価値観など、いろんな事柄が考慮要因として入ってきます。それらについて正面から議論する、そういう覚悟が必要となってくるんだろうなと思います。科学的にはこう、といったうえで、さらに責任や感情の問題も含めて議論して、社会として納得を得る作業をやっていく必要があります。その点、ゼロリスクを想起させる「安全」は便利なレトリックで、安全を求める側も、行政の側も、しんどい思いで責任や感情の問題を議論するのを避けられるということがあったのかもしれません。How safe is safe enough? ではなく、It's safe で逃げてきたところもあるので、現在はそれをちゃんと正面から使えるタフさが求められる時代なのだと思います。

山口　唐木先生のコメントはまったく私も同感で、たぶんそれはこの次の「未知の脅威にどう備えるか」につながるのかなと思います。結局、How safe is safe enough? は、ずっと問い続けることに意味があって、たぶん答えは見つからないと思うんですが、そういう問いはみんな気持ちが悪くて、しんどいし、なかなか難しい。ただやっぱりいまはその覚悟こそ重要なのかなという気がします。

唐木　山口先生のおっしゃるとおりだと思いますが、現実問題としてこれまでは多くの問題をどう解決したかというと、誰がどれだけ損害を受けて、それをきちんと補償できるのか、という形がほとんどです。安全といわれても不安は残る。それをお金で換算するとどうなるのか。全然違ったものを等価とした交換で解決してきている。しかし、お金で解決するのは最悪だ、それは責任をあいまいにするもので、けしからんという空気もある。この出口をどうするのか。最終的にはそれしかないとしても、押しつけられて受け入れるのか、納得して受け入れるのか、そのコンセンサスが必要だろうと思います。

城山　フィジカルなリスクでないにしろ、少なくともレピュテーションリスクはあるわけですよね。真偽は別として、影響があると思われたら、たとえば福島の海産物は売れなくなる。そういう意味で、これは単なる不安ではなくて実在する問題になり得るわけです。その部分はいまいわれたように、場合によっては経済的対応ができる話なわけですね。だからやれることをまずやるべきだっていうのが一つあるんだろうと思います。

それから逆にその点で、唐木先生の章の福島のリスコミの成功例がすごく面白かったのですが、福島の農産物に関しては、そういうレピュテーションリスクをなくす、むしろお礼をしようというといろんな人の活動があるわけです。同じことがたとえば海産物についてあれば、漁業者の人たちはかなり考え方が違ってくると思うんですよね。だからそういう草の根の活動があるかどうかが大きいのかなという気がします。

それから、平川さんもいわれた、単なるリスクの問題だけじゃないということ。これは唐木先生の「責任」とも絡んできますが、何とか safe enough をクリアしたとして、そのまま汚染水を流すのがある種の公平性としてどうかって話になると思うんですね。物理的に可能かは別として、東京湾とかほかのところに流したって本来的に問題はないわけで、残るのはある意味でコストの問題ですよね。だから場合によっては、公平性としてそういうオプションも考えるんだと。あるいはそれで、コストを考えたら福島でとなるのであれば、経済的な話として補償をすべきかもしれません。そういう次元の話をきちっとやるべきではないかという気がします。

桝本　私の理解では、この福島原発の汚染水は、もう科学技術の問題ではなくて、科学技術と地域社会、あるいは科学技術とその地域の皆さんのコミュニケーションの問題で、その基本はやっぱり信頼関係だと思います。どうやって周辺の漁業者の方々を含めた人たちに、改めて信頼していただけるかという深い問題です。ただ現実には、たいへん難しい。たとえば汚染水の放射能レベルが基準上も安全といえるようなレベルになっていても、その放出に激しく反発する周辺国もある。そういう意味で、これは本当に社会的問題の象徴の一つだと思いますね。

そしてもう一つは、先ほど出た「責任」なんです。「責任」は、本来やはり事故を起こした東京電力にあると考えるのがごく常識的、普通でしょうが、この問題は、社会に理解していただくという意味では、原子力界全体が負わざるを得ないかと思います。トリチウム水は、世界中の原子力施設から大量に流れ出ているわけですが、国際原子力機関はそれが安全上問題だとはいっていない。つまり、原子力システムでは恒常的な処理が今回は問題にされていると。そういう意味で、これは世の中と科学技術、あるいは原子力のかかわりとして、きわめて象徴的な問題だと私は思います。

大来　私はいま、昔のアメリカの電力事情に興味をもって勉強しているんですが、第一次世界大戦の前に反戦主義が非常に高まったそうで、結局は参戦をして戦争には勝ったものの、その後に戦時景気が落ち込んで、反戦運動をやっていた人の矛先が電力を中心とする公共事業に向くんですね。公共事業が不当な利益をむさぼっていてけしからんとなったわけですけれども、電気事業者側はそれに対して、エネルギーは世の中に有益なものだと数字を含めて示して、現実の問題である反電力・反公共事業の動きを克服していったわけですね。

このテーマは、原子力の問題は議論の発散を避けつつ、未来のことも考えたい、また具体的なテーマはほしい、という中で佐藤さんと一緒に考えて、影の側面である汚染水問題をわざわざ入れさせていただきました。期待以上に、行動の重要性や、その具体的な選択肢を示す発言があって嬉しいです。

佐藤　汚染水の問題は、現時点のタンク建設計画では2年後ぐらいに満杯になるということで差し迫った問題ですけども、その後にも除染残土の最終処分や、デブリの処理、それから、その解決が原子力草創期からの宿願である高レベル放射性廃棄物処分の問題もあります。これらはまず汚染水の問題を乗り越えられないと難しいだろうと思っていることもあって、テーマに取り上げた次第です。

私は福島出身ですけれども、放出に慎重な地元関係者の多くは海洋放出そのものを危険視してはいなくて、たとえば内堀知事も、トリチウムの科学的性質とか、海外での処分状況などに関して正確な情報が周知されていないことを危惧しているとおっしゃっています。ただ違う見方をされる方も世の中たくさんおられます。島薗先生は放射線の健康影響の問題でも数多くご発言され、また、グリーフケアの問題にも取り組んでおられますので、ぜひそのあたりお聞きしたいと思います。

あともう一つ、平川先生は「責任ある研究とイノベーション」についての考え方を披瀝しておられ、そこには非常に重要な論点が含まれると思います。汚染水の問題とも密接にかかわりますので、具体的にどういった指針が考えられるか、ご意見いただけるとありがたいなと思います。

島薗　汚染水の問題も喫緊の問題なんですが、もっと喫緊なのは、使用済み核燃料再処理工場の問題です。新規制基準に事実上合格（２０２０年５月１３日）となりましたが、今後どうするつもりなんだという思いがして、公共的な合意と逸れたところで物事が進んでいる事態に思います。つまり、プルトニウムをつくり続けるような、おそらく国際的にも認められないシステムを、過去の経緯だけを理由にやることになるわけですよね。全体の方向がどうかという合意形成がありません。

これは原子力政策全般もそうです。世論が非常に厳しい中で、最も被害を受けている福島県の、その漁業関係者が汚染水の流出によって再び不利益を被るという、まさに信頼性の基本にかかわる問題がまずある。さらに、事故を起こした福島原発のサイトそのものが将来どうなっていくかもよく見えない。そういう大枠の中で汚染水という問題も生じていると思います。

本当に新しいタンクをつくれないのかとか、トリチウムだけじゃなくほかの汚染物質がどのぐらいかというデータの確かさという問題もある。そういう審議がなされ、ステークホルダーの意見が聞かれているかというと、たいへん不十分です。まさに、これはずっと原子力の開発に伴ってきたことなんですね。科学技術の光の部分というのは誰も否定しないところで、恩恵を受けていないと主張する人はあまりいないと思うんですけども、それでも負の側面が目立ってしまい、その部分が隠されたと考えられている。こういう経緯というのがとても大きな問題です。

福島事故については、特に初期の放射性物質放出についてのデータが非常に少ない。SPEEDIの公開がされなかったことも含め、甲状腺の汚染量調査、内部被ばくの調査が、チェルノブイリと比べてきわめて少ないですね。こういうふうに不信感を生み続けてきたことをセットにして考えなければなりません。科学技術一般に問題を広げてしまうと、どういう場合にトラブルが生じるのかという、科学技術に伴う不確実性の問題になる。また、必ずしも見えないものに対するさまざまな評価を、どう合意にもっていくかというプロセスの問題になってしまう。ここはよく考えねばならないということです。

平川　「責任ある研究・イノベーション」の観点には必ずしも収まりませんが、重なるところもありそうです。まずは一般論として、いまのお話に直結しますが、たとえば汚染水について現在明らかになっている事実がちゃんと共有しきれてないのかなと。公聴会的なものはいろいろ開催されていて、東京電力の廃炉汚染水対策チームのホームページで資料が見られますが、その中では２０１９年末のデータとして、トリチウム以外の物質の7割ぐらいはまだ基準値を超えていると書かれていて、それを今後どう処理していくかもちゃんと説明しているんですね。けれども世間一般に流れている情報では、汚染水の放出を主張する側が、あたかも全部きれいだという形でいっちゃって、それに反対する側が突っ込んで、そこで話がすれ違って、不信感を増幅している状況があります。汚染水の海洋放出を致し方ないという側も、そうでない側も、信頼の基礎として、的確に実状を共有できる形を心掛けないといけないと思います。

そのうえで、次の段階で、汚染水をどうするのがいいのかを問うべきです。結局は海洋放出ということにならざるを得ないと思うんですけども、ただそれをいつやるかとか、先ほどあったように他所に移すといったことも含めて、どういう解決が望ましいのか、いろんなステークホルダーを巻き込んでちゃんと議論して、納得づくで決定していくことが、禍根を残さず、いまある不信感を少しでも和らげるために必要なのかなと思います。これは「責任ある研究・イノベーション」でも重要なポイントです。

後は現実的な将来シナリオです。汚染水だけでなくて、未知要因が多い福島第一の廃炉に関しても、あまり楽観的なものを示すのではなくて、最悪こうです、というある種の納得というか、諦念を合意するようなアプローチも必要なのかなと。「責任ある研究・イノベーション」では先を見通すanticipationが重要なんですけども、変に将来への期待を掛けてしまうと、そうならなかった場合、後から不信感、残念感が出てきてしまうので、一番きついシナリオを、現実のあり得る姿として共有していくことも大事かなと思います。

城山　コミュニケーションの問題であり、信頼の問題であるというのは基本的にそのとおりだと思うんですが、ちゃんとリソースを投入するのか、社会としてその判断ができていないという問題もあると思います。桝本さんも書かれたように、結局失敗して退くのか、失敗を克服して進むのかという選択の話ですね。もし後者を選ぶなら、相当リソースを投入し、さまざまなアクターと交渉しなきゃいけないわけですね。佐藤さんが話されたように、汚染水の話は入口で、原子力を継続するならいろいろやるべきことがあって、そこにどれだけコミットするのか。島薗先生のお話にもありましたが、やる気があればタンクの場所など何とでもできるわけです。むしろ、これらをしっかりやって次のステップを考えるのか、リソースを社会として投入するかどうかの意思決定が必要だと思います。

象徴的だと思うのは、今回の事故後に、安全規制の部門は強化されたわけです。原子力規制委員会という、その事務局だけでもともとの環境省全体の人数に匹敵する役所が、環境省の中に入った。これだけ大きな組織をつくったというのは、日本にとっては良くも悪くも画期的で、そこはリソースを投入してるんだけど、いわゆる推進側のインフラはほとんど強化されてない。原子力損害賠償・廃炉等支援機構という認可法人に民間の人も入れている体制をつくっているけども、きわめて不透明です。やはり国の組織としてちゃんと考えてやることが本来必要ですが、そういう体制になっていないわけです。汚染水の問題も、想定の甘さが何度も繰り返されている。

そういう意味で事故前と変わっていなくて、次のステップを考えるのなら社会的にリソースを投入して整合性のある枠組みをつくらないといけない。島薗先生がいわれたように、要するに燃料サイクルを本当に続けるのかということでもあります。今後はそういう全体的な戦略に関するコミュニケーションが必要で、部分のコミュニケーションだけでは済まないだろうなあという感じがします。

2　未知の脅威にどう備えるか（次の感染症、次の大津波はいつか必ず来る）

唐木　イントロとして、リスクの専門家が考えている分類を紹介させてください。ラムズフェルド米国元国務長官が2002年に、リスクには三つあるといっています。一つは「Known Knowns」で、これは既知のリスクをみんな知ってるということです。たとえば、自動車事故とか食中毒とか、ほとんどのリスクがこれです。2番目が「Known Unknowns」で、未知のリスクが存在するということだけがわかっている。新興感染症や巨大地震など、必ずやってくるけども、それがいつどんな形かはわからない。放射能や化学物質も未知のリスクとしてここに分類する人もいる。3番目が「Unknown Unknowns」で、未知のリスクの存在を誰も知らない、いわゆるブラックスワン問題です。

ヨーロッパ人は黒い白鳥はこの世に存在しない悪魔の鳥と信じていたので、オーストラリアで黒い白鳥を初めて見たときに死ぬほど驚いて、ここは悪魔の土地だと恐れたという話があります。私の分野では、誰も想像しなかったBSE問題が突然発生したことがこれにあたります。新型コロナをブラックスワン問題という人もいます。

その後、評論家のオトゥールが「Unknown Knowns」を追加しました。これは既知のリスクを無視するという姿勢で、政治家がよく使う手です。たとえばトランプ大統領は温暖化など存在しないといいますが、彼も問題が存在することはわかっているでしょう。では、福島原発事故はこのうちどれなのか、それが一つの議論ですね。

山口　これは結局、理解の欠如というか、私たちが物事をどれだけ知らないかに尽きると思います。先ほどの汚染水の問題でもそうですが、知るべき知識に蓋をするとか、データがないとか、知ろうとしない態度とかがある限り、未知のリスクにはなかなか対応できないと思います。

パンデミックも、自然現象も、地球温暖化もそうで、リスクにはいろんなタイプがあって、正面から向き合って知ろうとすると、知識の足りないところが明らかになります。どこがわからないのか掬い上げるという行為は、まさにリスク評価が長年努めていることそのもので、それにも踏み込まないといけない。さらに、いまはリスクをわかりやすく整理したものを用意して、未知のリスクに対して全体をバランスよく対処することが求められています。そうでない限り、未知のリスクが新たに出てくるたびに右往左往してしまう。

未知のリスクにも適応できるような共通する考え方を一番上位にして、下層にいくほど個別に適応できるようにする、そういう階層構造が必要です。えてして我々は、下層の発生頻度などに注目しがちですが、それだけでは未知のリスクに対応する考え方とか思想はないという結果になると思います。

城山　感染症だとか自然災害っていうのは、いつ来るかがわかっていなかっただけではなくて、いろんなリスクが複合的に作用を起こしたときに、どのくらい相互作用するかわかっていなかったところがあったんだと思います。

福島の場合でいうと、地震や津波が原子力災害に直結するということは必ずしも十分議論できてなかったし、たとえば放射性物質が出ることで、医療施設の高齢者が避難の移動を強いられて亡くなるという、まさにこういうカスケードが起こったわけですね。おそらくコロナの話もそれに近くて、たぶんいつかは起こると思っていたけども、どういう経路で、どうリスクが複合化して、社会的に何が起こるかまでは想定されてなかったのが問題だろうと思います。

逆にそれに対応しようと思うと、トレードオフの中で判断が求められますよね。健康上とか経済上とか、いろんな安全があるので、複合的なリスクに対して、社会としてトレードオフを判断するという、心の準備も仕組みの準備も必要なわけですね。だからいろんな専門家を巻き込んで相互に議論するという仕掛けが必要で、これは福島でも、今度のコロナでも同じではないかと思います。

どういう複合パターンが起きるかは毎回違うので、そこをどう考えるかというのはなかなか難しいなあと感じます。どこまで想定して、しかもリソースは限られているので全部は対策できないという中で、社会としてどう決断していくかが大きな課題ではないかと思いました。

大来 テーマ1で平川先生が現実的な将来シナリオ、納得・諦念の合意についてお話しされました。我々は何かというと、すぐ目の前の対策が必要という方向に議論がいくけれども、やはり現実を見極めて将来のシナリオを描くという、その諦めの部分はいままで考えが及んでいなかったと思いますが、いかがですか。

平川 さっきの城山さんのトレードオフの判断というのは、何を選び、何を捨てるかという点で、諦めということを含んでいると思います。さらに、次にどう備えるかということに関して、いま挙げたい論点としては二つあります。

一つは、行政組織での、あるいは専門家集団もそうかもしれませんが、組織的なメモリーというのが弱いなあと。たとえば今回、新型コロナでは約10年前の新型インフルエンザの経験を活かせるはずです。特措法に関連して、リスクコミュニケーションのやり方とか、ワクチン接種の優先順位、トリアージュについてどう社会合意するかという話を、じつは10年前にもしていました。リスクコミュニケーションのやり方や専門家助言のあり方については、2000年代のBSE問題、2011年の福島第一原発事故の際にも、議論されていました。しかし現在、そうした積み重ねは何もなかったように見えてしまって、とても残念な思いです。組織的に継続して課題に取り組んで、それに資源投入していくのが、未知の危機にどう備えるかという観点から重要です。万全でないにせよ、組織的に回避しなければいけないこと、やらなければいけないことの記憶を保持して、取り組み続けるのが大事です。

二つ目は、専門家の育成です。国内はもちろん、国際的なネットワークも広げておく。そのためには助言できるシステム、有事の際に、どこにどういう専門家がいて、どう活躍してもらえるのか、政府なり学会なりで把握して、号令を掛けられる仕組みを平時からつくっておく必要があると思います。その仕組みの中で、いろいろな事態を想定した頭の体操を、専門家間で定期的にするような取り組みが必要なのかなあと。具体例としては、アメリカのナショナルアカデミーズには常時600ぐらい委員会があって、それぞれが学術的なものから今後の世界規模の課題まで、さまざまな報告書を2年に1回くらい刊行しています。これによって、有事に備えた最低限での合意ができる。何が不明なのかを踏まえたうえで、政策判断やさらなる専門的な判断をする。その共通の土台を平時につくっておかないと、どうしても有事の際に右往左往してしまう。

大来　2点目にアメリカの例を挙げられましたが、じゃあ日本は現実を踏まえて何ができるかですね。彼らのアカデミーというのは専門知識をもつスタッフが大勢いて、科学者とアカデミーの組織がリンクして、何か問題が現実化したらすぐレポートを出すという状況になってると思うんですよね。日本だと、学術会議とか日本工学アカデミーとかありますが、いずれもスタッフの力は弱いのではないでしょうか。

島薗　今回のコロナウイルスのことでも、PCR検査や医療体制整備が遅れた。少なくとも行政と医療現場との間の連携、対処するスピードがとても遅かったと思います。しっかり情報を収集して対策を立てる体制の弱さが目立った感じがします。

二つ述べたいことがあって、一つは福島の問題の影響の有無です。先ほど申しましたが、福島の事故後の種々の調査は非常に限定的で、情報発信もわかりにくい。その過程で、下手に不安を招きたくない、自分たちの料理した情報に沿って理解してもらえばよいと考えたのではないか。たとえばＳＰＥＥＤＩも、汚染水の問題もそうですね。広く情報を公開し、議論して意思決定するという手順を避けるほうがうまくいくという意識が、行政や政治家の中にあった可能性を考えないといけないと思ってます。

もう一つは、私は国の委員会で、生命倫理のヒト胚研究に長くかかわってきましたが、当初は科学技術庁が事務を仕切っていました。情報の蓄積能力も、会議の準備も、問題点の把握も手際がよくて、多様な専門家の意見が集約できる体制でした。これが省庁再編で内閣府になり、科学技術会議から総合科学技術会議に変わりました。このとき国レベルでの科学技術の討議の力が非常に落ちたと感じています。少なくともヒト胚問題ではそれが起こった。内閣府にはあちこちから出向してきますが、スタッフの力が弱くて、蓄積性、継続性がない。つど政府に都合のいい人を集めてきて、中途半端に議論して、結論ありきのようなことをやっている。だから２００４年にヒト胚研究の指針が出たときにも、主に文系委員から反対意見があって混乱しました。このあたりに、国の科学技術に対する構えが政治中心になり、公共的な議論で足腰を強くするという意識の薄れが出てきたんじゃないかと思います。

山口　民間かアカデミアか、国がどうやるのかという問題もありますが、その前に、こういった未知のリスクに対する意思決定のためのリスクリストをつくる、という意思表示が必要だと思います。そのうえで、最適の部局が連携して対応策を講じる体制を構築すべきです。たとえば、ＮＡＳＡでは隕石の軌跡を調べて、問題になりそうならその軌跡を変えるようなことをやる。また、ライフラインである電力網のテロリスクの話はずっとやっている。一つのリスクに集中せず、シナリオ研究を通じて、想定されるさまざまなリスク対策にバランスよくリソースを投入して、向上を図るべきだと思います。

日本では、防災は原子力を含めて内閣府が担当していますが、いまあったように内閣府自体がある意味縦割りになってしまっている。本当は、たとえば原子力事故なら医療とか通信インフラとか、交通とか経済とか、いろいろ関連してくるけども、それがしにくい体制になっている。そういう話を内閣府の方もされてました。ですから国としての仕組み構築が必要というのは私も同感です。

唐木　ラムズフェルドの分類でいう「Known Knowns」であれば、行政はリスク管理ができるわけですね。難しいのは「Known Unknowns」です。実態がよくわからないリスクを誰がどう管理するのか。たとえば、70年代のアメリカにOTAというテクノロジーアセスメントの部局があって、新技術の問題点や影響を評価してリスク回避策を議会に提出した。ところが、共和党政権のときにテクノロジーアセスメントはテクノロジーハラスメントだということで、OTAを廃止してしまった。新技術の客観的評価は、政府の責任でやるべきで、実際やっていたけれども、そういう経緯で潰れてしまった。日本でも検討したけどできなかった。この問題をもう一回考え直す必要があると思っています。

城山　テクノロジーアセスメントはかかわってきたので話したいところですが、それとも関連するので少し戻って、山口先生がいわれるリスクリストの作成ですが、各所でオールハザード・アプローチみたいな議論がされるんですね。イギリスではホライズン・スキャニングといって横断的にリスクを全部洗い出すことをする。日本がどうかというと、先ほどの話のように内閣府に防災が来て、それから原子力防災もあって、レジリエンス、国土強靱化室ができて、国家安全保障局というのもある。このように内閣府にいろいろ来ているけども、バラバラで、横断的ではないという課題が一つあるだろうと思います。

最近の問題は、島薗先生のコメントにもつながりますが、何でも内閣府にもってきたがるんですよね。だから本来はもっと連携が必要なのに、内閣府が過重負荷になって課題の扱いも怪しくなるっていうのが多いように思います。こういう日本特有の問題があるのかなあという気がします。

今回のコロナもそういう面があって、新型インフルエンザのときに議論もして、包括的な取り組みもしてるんだけど、記憶が失われているところがあるんです。これも、やはり内閣府の体制が弱かったというところがあって、なかなか機能しなかったですね。専門家レベルでは当時と今回の新型コロナ関連ではキーパーソンが重なっていて、彼ら個人の知識が維持されていてなんとかなっていると思いますけども、組織としてはきわめて弱いのではという印象をもってます。

桝本　私は二つ、感想と意見をいいたいと思います。一つはさっき話が出た諦めですが、諦める、あるいは忘れるというのはある意味でおそらく生物には必要なもので、たとえば欧州が歴史的な争いを経ながらも仲良くやっているのを見ると、そのような力が往々にして働いているのかなと思いながら興味深くお話をうかがいました。

二つ目に、私のような者からいうと、この「未知の脅威にどう備えるか」というテーマは、エネルギーという視点で見て非常に重要です。エネルギーで備えといえば、やはりその具体例の一つは、備蓄なんですね。日本は２００日以上の石油の備蓄がありますが、いま電力は４割をLNGに依存しています。少し前にフィナンシャル・タイムズが、そのLNGの備蓄が２週間しかないという日経のAsian Reviewの記事を転載しました。つまりイギリス人から見ても興味深いわけで、やはり日本の備えに関する考えは、国際的に見ても甘いのでしょう。今度のコロナの不況でおそらく10年ぐらい、エネルギー需要は後退するのではと思いますが、それによってさらに備えが甘くなることを危惧します。地球温暖化問題もありますし、日本はどうエネルギーを確保するのかという基本的な備えが、おそらくこの先5年10年甘くなるんですね。国防とエネルギーは同じような重さがあって、やるべきことはきちんとやる必要がある。私は、原子力発電はそのうちの一つだと思います。

山口　いまの諦めというお話は印象的なんですが、原子力の安全の世界では、その諦め、トレードオフが、どこか想定外という話になってしまうんですね。どこかで割り切って、そういうシナリオがないものとすると。しかし原子力に関して必要なのは、割り切って捨ててしまうのではなくて、ウェイティングリストというか、脇に置いておくことだと思うんです。いつでもそれをレビューできて、元に戻せる。なぜウェイティングリストに入れたか、トレーサビリティがあることだと思います。そういう観点でアメリカの原子力委員会はヒストリアンという職業の方がいて、アーカイブとしてしっかり記録しています。一方、たとえば福島事故では全電源喪失は考えてなかったという話がありますが、じつは昔の議事録を見ると、議論をして、電源の信頼性が高いから30分だけ外部電源装置を考えればよいという結論になったと書いてあるんですね。ところがその議事録以上のものが何もなくて、誰がどういう考え方を述べて、どう30分に決まったのかが追えない。全電源喪失に対する設計基準がウェイティングリストにあって、それを取り出して設計できる、つまりそのときの議論が追えるようなアーカイブ、それもただあるのではなくて、それが体系化されている。それによって過去の経験とか教訓とかがきちんと伝わっていく機能が必要であると思います。

大来　ここまでの議論を整理して、さらに議論を深めたいと考えている問題が三つあります。一つ目は行政組織の縦割り問題です。もともと行政組織は縦割りで専門性を発揮するだろうからです。官邸主導で行政を遂行することは、両刃の剣の危うさがあると感じます。二つ目は、専門家どうしのコミュニケーションの難しさです。平川先生から国際的な連携が重要だという話が出ましたが、専門家の横の連携は本当に可能かという問題意識です。三つ目は山口先生が話してくださったヒストリアンにかかわることです。日本の科学技術基本法は、意図的に、法律的に人文科学、あるいは人文学を排除しました。島薗先生はまさにその領域で最先端を走っておられますが、人文学の知見というのは、科学技術政策を考えるうえで絶対必要だと思っています。

島薗　まず、山口先生もご指摘された歴史の問題、これはたいへん重要です。感染症の歴史は人類史全体にわたる文明論とかかわります。人間社会に広く影響を与えたことですから、感染症の医学専門家はもちろん、人文学、社会科学のあらゆる分野の人が関心をもつことになります。

今回のコロナウイルスは大きな文明的変化をもたらすともいわれます。歴史を顧みながら現在を理解する、その中で科学技術の変化も見通すことが重要になると思います。科学技術史だけでなく、文明史、人文学など幅広く照らし合わせながら考えることになるでしょう。

科学の領域から見ると「Unknown Unknowns」でも、人文、歴史からは「こういうこともあったのか」と見えることがあります。人文知、人類の知恵の蓄積は無視できない。また我々には将来の世代に対する責任があります。哲学者ハンス・ヨナスから重要な問題提起がなされています。我々は自ずから近視眼であると。しかし将来に生きる人々が人類として健康を保ち幸福を享受するということは、現代人にとっても重要な、我々の存在意義の問題でもあるわけです。

専門家間のコミュニケーションでは、自然科学だけではなく人文・社会科学の協力というのも重要であると思います。城山先生や平川先生はまさにその領域で頼もしい仕事をされていますが、今世紀に入って、ますますそうならざるを得なくなっていると思います。原子力の問題、生命科学、今回のパンデミックもそうです。

これについて日本の学会はどうか。日本学術会議は文理の協力が自然と成り立たざるを得ない構成になっていて、これは大きな利点だと思います。もっとも、科学技術の展開に対してうまく機能してきたかは定かでなくて、原子力についても生命科学についても、人文社会系から警鐘が鳴らされていますが。

しかし学術会議と政府の問題となると疑問です。政府が学術会議に科学的助言での貢献を望んでいるかというと、非常に怪しい。いまは首相が主宰する総合科学技術・イノベーション会議で科学技術政策の基本が決まる。そこに日本学術会議の代表が常任委員として入るという体制が、科学的助言のあり方として適切なのかどうか。政府と科学の関係という点からも大きな問題ではないかと思います。日本学術会議は政府の介入、予算カットの脅しを意識したりもしている、そういう状況でもあります。

平川　いまの話に絡めて、僕もコメントを。前半で話に出た複合的、社会的なリスクも含めて考えるときに、歴史の話が重要だと思います。人間性は歴史が経っても社会が変わっても、根本の部分で変わらないところがあって、新しい事象をきっかけに古くからの問題が繰り返されるということはあると思うんですね。たとえば今回の感染症でも、自粛をしない人に対する過度な非難、あるいは医療従事者に対する差別的言動とか、ある種の異端、異物を排除する動きは、関東大震災での朝鮮人虐殺のように、歴史の中で何度も起きている話です。その意味で歴史を振り返る、知っておく活動の継続は必要だと思いました。

ちなみに、原発事故のときも、人文社会系の研究者から、水俣病と同様の差別問題がきっと起きるという話が出ていて、実際に起きました。そういう意味では、歴史の中に未知のリスクに対する備えや予測の可能性が眠っていて、文系の知見、人間性に対する洞察や蓄積が重要と思った次第です。

島薗　先ほどの続きですが、１９９０年代には脳死臨調というのがありました。哲学者の梅原猛さんなどが加わって、脳死は本当に人の死か、国民的な議論になりました。そこでの洞察は、世界に先駆けている面があって、その後、むしろ欧米で問題にされるようになってきたことを先取りしていた。

ですが医学系の、特に臓器移植の関係者から見ると、このせいで日本はひどく遅れたという理解なんですね。そのため行政は、同様の人文系も巻き込んだ大きな議論をやると、時間がかかり、遅れにつながってしまうという考えになったのではないか。

１９９７年にクローン羊のドリーの誕生が発表された後に、世界各国が生命倫理の協議を立ち上げました。日本も生命倫理委員会を立ち上げて、そこに私も入りました。哲学者や人文学者もかなり入っていて、ヒト胚の地位などについてがっちり議論しました。それが２０００年になると、そういうのを通り過ごして、結論ありきでそこに向かって議論するというふうになってしまった。

これは新自由主義の経済効率重視の流れとかかわっていて、結果を出すのがまず先で、議論をしっかりやるのはあまり意味がないという方向に流れてきた、このように見ております。これが先ほどの行政の問題で、内閣の強化で本来うまくいくはずが、逆に政治が勝手に走ってしまう体制をつくり、官庁と科学の底力が軽視されることにもなったと見ております。

大来　同様の議論で、思い浮かぶのはＢＳＥの問題です。ＢＳＥはいまの話に比べて、唐木先生を始め、かなり情報があって整理され、一般の方向けのドキュメントもあると思うんですが、この点についてご意見いただけませんでしょうか。

唐木　ＢＳＥ問題では本を２冊ばかり書きました。あれだけ問題が大きくなったのは、社会に対する影響が直接的だったことがあるだろうと思います。しかし、脳死臨調の話というのは、多くの人にとって実感がない。その距離感の違いがあると思います。

日本の医療の実態は社会あるいは政治が認識しているものと乖離があって、それが今回のコロナの問題で如実に現れています。コロナ対策が遅れたといわれている。確かにそうですが、それは日本の医療が皆さん思うほどには整っていないためです。日本には１０万の診療所があるけれど、病院は１万もない。新型コロナの患者が入院できる指定医療機関はさらにその１／１０で、感染を防ぎながら新型コロナ患者のケアができる集中治療室の数は世界的に見てきわめて少ない。

中国や韓国は、ＭＥＲＳやＳＡＲＳのコロナウイルスの洗礼を受けました。日本にはどちらも来なかったから、経験がないんです。季節性のインフルエンザしか経験がないところに今回のコロナが来たから、大きなパニックになった。政治の遅れではなく、医療体制の遅れが一番の原因だと思います。

統計的には、新型コロナによる死者は、７０歳、８０歳で、基礎疾患のある人たちですが、イタリアやスウェーデンなどではトリアージュをやっている。８０歳以上で基礎疾患がある人には、人工呼吸器をつけないとかＩＣＵに入れないという措置です。それは、限られた数の医療用機器や設備を誰に使うのかという深刻な問題であり、患者の選別を許容するのはその国の文化につながるかもしれない。

日本の医療では、助かるかもしれない命を救わないことは絶対許されない。だから、新型コロナ感染者の救命施設が足りないとき、誰を優先的に治療するのかを決めるのは現場任せで、現場は到着順にせざるを得ない。それが公平なのか、議論することはない。

また専門家会議には医療関係者しかいない。彼らにとってはすべての人を助けること、感染拡大防止が最大の義務ですから、そのための対策を政府に提言した。経済やリスク管理など他分野の専門家がいないので、政府は医療中心の政策を実施せざるを得なかった。

その結果、ビジネスが崩壊し、失業者が続出し、自殺者が増えるという予測もある。政府のリスク管理、危機管理の体制ができていない。野党やメディアが文句をいうので、政府も医療の専門家に意見を聞いて、お墨付きをもらわないと対策が動かなくなってしまった。

危機管理を国がきちんとやるには、政府に科学顧問を置かなくちゃいけない。科学顧問は個人ではなく、科学の組織が対応することが必要です。本当は日本学術会議がやればいいんですが、島薗先生もいわれるようになかなかそうではない。

島薗　科学的助言については、総合科学技術・イノベーション会議に科学者の代表が入っていればよしという体制になっていますが、機能面で非常に悪いのは明らかで、変革が必要です。

今回のコロナでも一方に専門家会議、他方に諮問会議があります。新型インフルエンザの審議会の中に諮問委員会というのを新設してあったわけですね。この両者の関係がよくわからない。法律の関係でそうなってますが、責任の所在が不明確です。両方に入っている先生がいればよいという問題ではなく、この形では政治家も責任を取りにくいし、科学者も自分の役割を明確にできない。政治家の判断を科学者の名前でいつのまにかやるということになりかねない。

山口　いま唐木先生がおっしゃった、外国の考え方が伝わらないことの例で、原子力で象徴的なのはイギリスのＡＬＡＲＰ（As Low As Reasonably Practicable）があります。これはアメリカでもＡＬＡＲＡ（As Low As Reasonably Achievable）といって、さんざん議論されていますが、日本にちゃんと伝わっているかというと疑問です。日本ではＡＬＡＲＰというと、いまだに「つまりリスクをいくらでも低くすることではないか」という議論になってしまう。そうではなく、「あるだけのお金を払ってリスクを減らすのが皆に受容されるかを決めること」なんですね。

そういった国際的にはコモンセンスになっている考え方を日本も共有するというのは、情報交換といいますか、そういうコミュニケーションという問題に尽きるのではないかと思います。

島薗　いまのALARAの話は、トレードオフ、リスクはさまざまでそのバランスをとるという考え方ですね。こういうこととかかわり合いが出てきているんですね。

先ほど提起されたトリアージュですが、専門家会議の武藤香織さんが、生命・医療倫理研究会有志名で提言を公表しました。障害者団体その他から厳しい批判が出ていて、これには究極の選択において命は量の問題になる、すべて救うという原則から、どちらが多く救えるかという原則に転換すると書いてある。これを政府公認の文書として出すのは、私は反対です。これは尊厳死とか、安楽死につながる問題ですね。終末期医療の差し控えなどでも、長く議論されてきた。

緊急下では、医療資源の分配問題は避けられない。しかしそれをある基準に沿ってやるのは、命の選別に踏み込みかねない。高齢者は後回しとなると、同じような場合に対する、一種の規範として提示することになるわけですね。これは相模原の津久井やまゆり園事件と、どこで違うのかということになってきます。

安楽死に対する考え方も、たとえばドイツやフランスと、スウェーデンやオランダでは違う。イタリアの場合は、本当に仕方なくそうなったということはあるかもしれませんが、規範として認められたことはなかったのではと思います。カトリック文化の強い国ですから。

大来　先ほどのALARPについてですが、私の理解はこうです。生命倫理でもトリアージュでも低線量放射線でも、リスクや生命の危機を表す直線的なグラフをイメージします。政府が基準を示すということは、その間に1本線を引くということだと思うんです。

ＡＬＡＲＡとかＡＬＡＲＰの基本的な思想には、議論しましょうというのがあると思います。まず両端の間に中間領域があることを認める、それが議論の出発点。ところが日本では、中間領域を認める議論がまったく成立していないんじゃないかと。本書のテーマであるコミュニケーションや合意形成は重要ですが、その基盤がないところで合意形成とか政策決定をすることになる。これは絶望的なんじゃないかとも思いたくなります。最後のテーマには無関心の問題を取り上げますが。

山口　基本的には大来先生がおっしゃったことと同じで、ＡＬＡＲＡは規則ではないんですね。考え方であると。

ユヴァル・ノア・ハラリは、ＡＩについて語る中で、自動運転車のプログラミング問題、飛び出した歩行者を守るか運転者を守るかという例を出しています。人工呼吸器もそうですが、そういう選択を問う問題はたくさんあって、最後には何かで決めなきゃいけないんですね。それが規則なわけですが、それはいろいろな要因によって決まってきます。それを原子力の世界では integrated risk informed decision making といいます。つまり意思決定というのは決してリスクベースではない。リスクは informed、参考に使うものだと。integrated の意味は、判断の物差しが１次元ではなくて、複数次元のいろいろな要因を統合して決める。そういう考え方なわけです。

それでＡＬＡＲＰを改めて見直すと、reasonably practicable なんですね。では reasonably とは、practicable とは誰が決めるのか。その規則はないし、物差しもないんです。ないけれど、そういう考え方で決めていく。それによって最後の意思決定を可能にしましょうという合意がＡＬＡＲＰだと、私は思っています。ですから日本とイギリスでは、ＡＬＡＲＰの使われ方や、使ってできる規制・規則は違うかも知れません。でも考え方は共有できる。状況が変われば、規制・規則も変わるかもしれない。基本的な考え方、発想法を国際社会で共有し、さらにケース・バイ・ケースで判断して意思決定できればよいと思います。

それから大来先生の、中央に不確かな領域があることを認めるのが先決だと、これはまったくそのとおりで、現象そのものも、人間の心も不確かなわけで、それが包含された思想だと思います。

城山　不確かさもそうですが、どういうスコープでものを考えるかということが問題ではないでしょうか。トリアージュの問題でいうと、集中治療室という特定の局面を見て、そこに誰を入れるかというスコープが妥当かという問題です。集中治療室のキャパシティに収まるならトリアージュをしなくてよいという意思決定をしてしまうと、逆にそうなるように経済活動を抑え込むことで、自殺など別の被害が出てきてしまう可能性があります。

そういう意味で、生命倫理なりトリアージュの問題は、医療現場に焦点はあっても、社会全体を考えないといけなくなる。それをどこまで考えるのかが問われると思うんですね。

同じことが原子力にもあって、ＡＬＡＲＰの話も統合的に考える必要がある。ではどこまで考えるんですかと。たとえば原子力とエネルギー安全保障のトレードオフを考えて、原子力をやるという意思決定は当然あり得るわけです。しかし、リスクマネジメントの原子力関係の決定過程で、それを定量的にやっているのは見たことがない。どこまで広げて考えるのか、やりだすときりがない話でもあるので、そこも判断が問われるのかなという気もします。

3　無関心問題（メッセージが届かない人にいかにアプローチするか）

大来　最後は無関心問題です。メッセージを送ろうとしている側が一所懸命メッセージを発しても届かない、あるいは誰が届ける役割を担うかという問題を議論したいと思います。ジャーナリズムは誰と誰をつなぐのか。科学者と社会の間、あるいは政治家と社会の間、専門家と専門家の間もあります。どのようにアプローチしていけばよいでしょうか。

島薗　今回のコロナでは、日本は五輪という要因もあって、対策も情報発信も遅れました。その中で京都大学の山中先生は独自のサイトをつくった。そこまでできたのは、ｉＰＳ細胞を社会に浸透させる活動を続けてきた背景もあると思います。山梨大学の島田学長や、各研究機関も活発に発言して、それが政府側の弱さを補っています。日本社会の科学技術に関するコミュニケーションの熟成度を逆に示しました。一方、ジャーナリズムではＰＣＲ検査の不要論が強く出てしまった。そこは日本の科学技術ジャーナリズムの足腰の弱さでは、と思うのです。

その後の展開を見ると、底力はあるのに、それをうまく結び付ける働きを政府、あるいは学会も適切にできていないのではないか。そういうところに資源を投ずるという考えが弱い。そのあたりを相互にコーディネートしていく科学技術政策、その中では人文社会系が大きな役割を果たす。これも無関心の克服という点では非常に重要じゃないかと。大学教育でこういう問題を取り上げる、その体制強化も必要と思います。

山口　まず思うのは、無関心の人が多いことの何が問題なのか、あまり共有されていないのではと。政策の意思決定に困るなら、政治家さえしっかりしていればいいわけです。現実的にも、世論調査を見ると放射線でも原子力でも、恩恵を受けていながらそれを知らない人のほうが多い。これを問題とするなら、恩恵だけでなく、同時にリスクなども無関心層に伝えなければいけない。ですから、無関心の何が問題なのかを明確にしておきたいというのが、まず一つ。

二つ目に、人間というのは、メニューがないと物事を決めにくいだろうと思います。振り返って、いままで我々が、そういう伝え方ができていたかというと、そうではなかった。たとえばレストランに入っていきなり何にしますかといわれても困ります。前菜、メイン、デザート、飲み物といろいろありますが、そういう見せ方の工夫、提示の仕方はあまりできていなかった。

三つ目は、初等中等教育の問題です。よくいわれるのは、やはり小中学校の先生が原子力を教えることの難しさですが、バイオとかナノテクとか遺伝子工学とかも含めて、何を教えるかという議論を改めてしないといけないと思いました。

大来　1点目についてですが、これは国のあり方にかかわる問題だと思っています。選挙民が判断を誤れば、民主主義を否定するような政治をやっても、国が成り立ちます。ナチが典型ですよね。独裁国家なら、無関心層はいくら多くてもよいわけですが。

政治家は必ず間違える、しかし間違えても修正できるというのが民主主義だと私は思います。ですから政治家の質がよければ間違えないという問題ではなく、間違ったときにいかに応じるかという、受け止め側の問題になります。政治家や科学者、技術者、企業人がやることを、大勢の方がどう受け止められるか。日本が民主主義の道を進むなら、無関心の問題はその生死にかかわる大問題であり、だからこそご議論願いたいと、司会として思っておりました。

唐木　食品安全の一番の課題は、消費者の添加物や農薬が恐いという先入観です。先入観があると、確証バイアスが働いて先入観を裏づける情報しか受け入れない。関心があればいろいろ調べるはずだけれど、先入観で凝り固まっている。これは科学や安全問題に対する無関心と通じるものがあって、先入観と確証バイアスが一番の問題点であると私は思っています。ではどうするかですが、山口先生と同じで、リスクと科学の教育にもう少し力を入れる、そこが基盤になるんだろうと思います。

また、そういう人たちに対する情報発信の方法の問題があります。良くも悪くも、話題性があって手段があれば、世の中のほとんどの人が関心をもち、マスメディアまで報道するようなことがありますよね。たとえば山梨のコロナ感染者がバスで東京に帰ったことが報道され、ネットで炎上騒ぎになって、名前まで拡散した。この例は適切ではないかもしれないけれど、多くの人が関心をもつ情報発信の方法はある。しかし、我々が使わない、あるいは知らないだけかもしれない。そういう新しい方法の活用も身につけなくてはと日頃思っているのですが、これを実現するためにはお金も知恵も必要ということだと思います。

大来　伝え方によっては伝わるんだというお話しは非常に重要な問題提起だと思うのですけれど、どなたかご意見をいただけませんでしょうか。

城山　いまの山梨の女性の話とは少しずれるかもしれませんが、無関心にも二つのタイプ、問題があるのかなという気がしました。

まず、そもそも本当に関心がないというタイプ。たとえば健康増進策だと関心をもつ人は一定比率いますが、一番対応してもらいたい人が、まったく関心をもたない。たとえば肥満なんかは典型的な問題だと思います。そういうタイプの人をどうするかという課題があります。それから唐木先生が挙げたような、中途半端に凝り固まっている人たち。ある既成概念にとらわれて新しいものを受け付けないタイプの人です。そこには、場合によってはその凝り固まったものがむしろ訴求力が強いというか、伝播していくという問題も発生します。

それで、どうやって対応するかとなると、いままでお話があるように、正攻法しかないところがあります。いろいろな選択肢を考えるときにも、プラス面もマイナス面も、幅広く認識してもらうようやっていくしかなくて、それは広い意味での教育なんだと思うんですよね。

先ほど出てきたテクノロジーアセスメントも、政策決定でも重要ですが、そういう人たちに伝えるのがより重要ではないかと。たとえば健康増進法でも、エネルギー源でも、どういうプラス面とマイナス面があるかとかですね。そういうのを要約、集約して学べるようにするのが本来のテクノロジーアセスメントで、それを社会に根づかせていくというのは重要と思います。その意味でSNSをどう使うかとか、質のいい情報が伝播しやすいようなコミュニケーション回路を設計するとか、そういう工夫、方向性が必要なのかなという気がします。

唐木　昔、みのもんた氏がテレビで一言いうと、その食品がすべてスーパーから売り切れた。これこそ最高のリスコミ手段だと、最初は冗談でしたが、現在は、そういうカリスマ的なリスクコミュニケータをうまく養成できないかと考えています。SNSですごい数のフォロアーをもつ人が出てきている。そういう人たちと連携する、育成するのも一つの手かなという話もあります。

島薗　唐木先生の書かれた、予算を投入してSNSで、それも多量の情報を、有力な人を使ってやるということが、広告代理店などを通していま実際に、政治的な意見についても行われていると疑われています。物事を解決するのに、基礎となる科学技術の情報もそのように発信するというのは、力による押しつけにつながる。開かれた討議で自由な判断を求めるというのとは違うやり方になる、そこは気をつけなければならないと、私は思っています。

平川　いま出てきた論点に関連して、いくつか申し上げます。一つ目は城山さんが最後におっしゃった、質のいい情報が伝播する工夫ですが、ヨーロッパにGreenFactsというウェブサイトがあります。国連やアカデミー、国際機関などの科学的合意文書、いろんな報告書類を集約しているサイトですが、単純に報告書そのものの掲載だけではなくて、情報を3段階にかみ砕いて提示しています。1段階目は、誰でもその問題の要点がわかるような入口的情報です。次に、その話題を知る人向けに、より詳細がわかる情報をまとめて出しています。最後は報告書そのものです。

こういうものが日本でもうまくできると、世の中で何か問題になったときは、メディアも含め、そこをまず最低限参照して活用しようということができます。賛否は別として、専門家の間でわかっている範囲を含めた、その事柄に対するコンセンサスがある。ここをまず出発点に話していこうということが可能になります。さらにメディアに対しては、記事の中で科学的情報のソースを示してほしいという読者はいま増えていて、それに応えていくことが質のいい情報伝播の仕掛けになり、好循環が生まれるというのが一つあると思います。

それから二つ目が、すでに出た話と関係しますが、人文社会系の役割です。科学技術の側からどう伝えるかが問題設定の主体になりがちですけれど、受け手の側から考えるアプローチがあります。

抽象的ですが、真正面のみでなく、多方向からの視点で考える。社会、消費者の側からは、科学技術はどう見えるか、どういう問題を専門家に考えてもらいたいか、何を実現してほしいかなどを探り、それを情報発信に反映させることが必要です。

たとえば、医療を科学技術の視点から見ると、iPS細胞とか治療法とか、テクニカルな話が中心になりますが、一般の人にとって医療はまさに自分や家族をどう助けてくれるかになる。そういう、利用者からは科学技術はこう見えるということを、社会の側から科学技術の専門家、あるいは政治・行政の側へ翻訳するのが、人文社会科学の大きな役割ではないか。人文社会系は、まさに社会の問題、人間の問題をどう見るかというプロであるわけです。現在、科学技術は社会を構成する一部となっているわけで、人文社会科学の専門家がどう仲立ちするか、大きな課題ではないでしょうか。

4　座談会の最後にあたって（読者へのメッセージ）

大来　最後に、今日の座談会でご自身が考えたこと、そして本書の読者の方々に伝えたいことをお願いします。

唐木　科学技術は日々複雑になり、いまや、私も専門外はほぼ理解できない世界です。しかし、科学技術は生活に密着した存在にもなっている。ウルリッヒ・ベックが「リスク社会」という本に書いていますが、昔のリスク、たとえば食品の腐敗は五感でわかるから、自分でリスク管理ができる。ところが現在問題になっている化学物質や放射線の存在は五感では認知できない。専門的な測定機器を使って初めてわかる。その結果、リスクの大きさやリスク管理の状況は科学者しかわからない。そんな世の中で、科学者や国のリスク管理に疑いが生じると、どうしようもなく不安になる。いまは多分そういう社会だろうと思います。

結局は、科学者、企業、政府が、市民の信頼を勝ち取るしか解決法はない。言うは易しですが、実現はきわめて難しい。具体策を我々は真剣に考えなくてはならない、そういう時代と思います。

平川　まず、今日一つ思ったのは、さまざまな分野・組織の人の間でも、こういうざっくばらん、しかし突っ込んだ議論ができる場が、多くあればいいなということです。今日のようにオンラインであれば、物理的な距離を超えてできます。こういう機会が、現在の環境下で広がれば面白いなと思いました。

科学技術の問題は結局、それを含む社会の問題です。普段気にしていなくても、何か問題が起きれば自らの生活に直結します。今回のコロナで、そう実感している人も増えていると思うんですね。なので、これを機会に、日頃から一つでも関心をもつ、あるいはそこから広げて、専門家に話を聞くとか、自分たちなりに議論してみるとか、トライしてもらえると面白いかなと思います。

山口　今日の議論でもつくづく感じるのは、いまや科学とともに歩むのは避けられない時代になっているなと。身の回りには、選択の余地なくさまざまな技術が入り込んでいるわけですね。そういう状態であると認識することが、まず非常に大切と思います。

そのうえで、未知の問題にどう取り組むのか。これは必ずしも十分に予測できないわけで、それを認めつつ、知識をつねにアップデートしていく。リスク評価とは、リスクの大小ではなく、知らないことを明らかにすることであり、それを継続的に行う習慣をつくっていくのが重要だと思います。

どうやって実現していくかですが、これはモデルの考え方が要るのではないか。社会も経済も、理学も工学もみなモデルという発想をしていたと思います。しかし科学技術を社会の意思決定の問題として捉えるときのモデルの問題は、ほとんど議論されていない。モデルにはインプット、アウトプットがありますが、それらは何なのか。今日の議論でも国を始め、いろんなプレーヤーの名前が出ましたが、それらがモデルの要素なんだと思います。科学を扱う社会システムのモデリングを考えてみるのは、意義があるんじゃないかなと。

城山　専門家間のコミュニケーションの難しさというのが、今日の議論でもありました。専門家もある一面しか見られていないわけですね。他方、受け手の視点が大事という話もあって、いろいろなステークホルダーが多様な観点、関心をもつわけです。そういった専門家とステークホルダーの視角の間を誰がつなぐか。このメカニズムを、政府だけでなく、社会としてつくる必要があると思います。これには専門家自身が果たす役割も大きい。責任ある研究とイノベーションというのは、まさにそれを求めることだろうと思います。

それからもう一つ、私自身は触れませんでしたが、人文社会科学の役割です。科学技術基本法の話もありましたが、より大きくは、科学技術政策で人文社会系が求められる機能です。いままでは、倫理的、法的、社会的に問題がないかというある種のチェックリスト、ゲートキーパー的な役割だったのです。他方、社会のあり方を考えて科学技術を導入しようというなら、まさに人文社会科学は長年にわたって社会のあり方の設計を議論してきたわけです。あるべき社会の構想や価値の設定にどのように能動的に関与していくのかが、次のフェーズとして大事ではないかと思っています。

島薗　無関心問題ですが、今日取り上げた問題の多くに、国民が関心をもっている。直近ではコロナウイルスですが、自分たちの生活に直結していますね。だからみんな依存症に近いくらいテレビなどの情報を見ていると思うのですが、これは決して悪いことばかりではない。科学技術がいかに深く我々の生活にかかわっているか認識する機会でもあると思います。食品安全も原子力も、普段必ずしも関心が高くないが、健康にかかわると関心をもつというのが多い。ヒト胚とかゲノム編集でも生殖補助医療へのかかわりでは関心をもちます。

これがたとえばデザイナーベイビーとなると、どう考えていいのかわからない。自分の生活との関係が見えず、なかなか関心がもてない。それは自然なことですが、長期的には私たちのコミュニティを大きく変える可能性があるはずだから、関心をもたなければいけない。今後はそういう方向に進んでいくはずだと私は思います。

ですから専門家にとって、素人がうるさくいう領域は、科学技術リテラシーを高めていくよい機会でもあると思うんですね。まさに原子力はそうなりました。今回いただいたこういうやり取りの機会は非常に貴重で、立場による視点の違いがあらわになる。それが日常生活と同時に政策決定にもかかわってくる。そういう議論の場ができていくことが、一番好ましいことではないかと思っております。

桝本　まず、今日の議論で私自身いろいろ勉強となったことに御礼を申し上げたい。いろいろな話題がありましたが、ある意味で専門家間のコミュニケーションが中心だったと、私は思います。そして最後のほうで、平川先生が受け手という言葉を使われました。この受け手がじつはコミュニケーションのもう一つの大きい対象になります。この受け手をどう理解するか、あるいはどう伝えるか、これはなかなか難しく、専門家の方々にも、考えていただく価値のあることだと思います。

意見や考えの違う人たちのコミュニケーションについて、私はいつもこう思います。違いも、共通点も、この両方がわかることに意味があると。英語でも one size never fits all といいますが、一つに一つの解答があるわけではありません。多様な要素でできている世の中ですから、コミュニケーションはますます重要と思います。

おわりに

私は何年にもわたって「技術とつき合う」という科目名で、社会人大学生に教えてきた。教えてきたというより、ともに考えてきたといったほうが正確かもしれない。技術（テクノロジー）の特質は、社会の役に立つ人工物との点にある。行為としての技術（エンジニアリング）は、人工物をデザインすることを通して、社会に何らかの便益を生み出す創造的な活動である。「技術とつき合う」では、テクノロジーを生み出す側と、その便益を享受する側の関係を考えてきた。

この関係は単純なものではない。生み出したい便益ははっきりしているが、それは一般に想定どおりにはいかない。テクノロジーが置かれる自然環境には未知の要素が多いし、なにより便益を享受するのが人間という、何を考えているのか、何をしでかすかわからない生き物だからである。そこで、テクノロジーを生み出す側や、関連分野の専門家が知恵を絞ることになる。たとえば自動運転車を想定してみよう。関係者として自動運転車をデザインし製造販売する者は当然として、政治家、行政、法律家、保険会社などが関係してくる。さてここで議論したいのは、利用者のあり方である。自動運転車の利用者は、車に乗っているだけでよいのだろうか。それ以外には一切関心をもつ必要はないのであろうか。

本書の座談会で、無関心問題が議論されたとき、私は次のように主張した。

「これ（無関心問題）は国のあり方にかかわる問題だと思っています。選挙民が判断を誤れば、民主主義を否定するような政治をやっても、国が成り立ちます。ナチが典型ですよね。独裁国家なら、無関心層はいくら多くてもよいわけですが。

政治家は必ず間違える、しかし間違えても修正できるというのが民主主義だと私は思います。ですから政治家の質がよければ間違えないという問題ではなく、間違ったときにいかに応じるかという、受け止め側の問題になります。政治家や科学者、技術者、企業人がやることを、大勢の方がどう受け止められるか。日本が民主主義の道を進むなら、無関心の問題はその生死にかかわる大問題であり、……」

この議論のとき、私の脳裏には丸山真男の次の言葉があった。

「民主主義とはもともと政治を特定身分の独占から広く市民にまで解放する運動として発達したものなのです。そして、民主主義をになう市民の大部分は日常生活では政治以外の職業に従事しているわけです。とすれば、民主主義はやや逆説的な表現になりますが、非政治的な市民の政治的関心によって、また「政界」以外の領域からの政治的発言と行動によってはじめて支えられるといっても過言ではないのです。」（丸山真男『日本の思想』岩波新書、172ページ）

これを技術とのつき合い方に応用すると、次となろう。

「技術の民主主義とは、エンジニアリングをエンジニア（特定身分）の独占から、広く市民にまで解放しようとする考え方です。そして、技術の民主主義をになう市民の大部分は日常生活ではエンジニアリング以外の職業に従事しているわけです。とすれば、技術の民主主義はやや逆説的な表現になりますが、非エンジニア的な市民のエンジニアリング的関心によって、また

「エンジニアリング」以外の領域からのエンジニアリング的発言と行動によって、はじめて支えられるといっても過言ではないのです。そのようにしてこそ、高度な技術（テクノロジー）の便益を極大にし、リスクを極小にすることが可能になるのです。」

6人の碩学の著述を読んで、また座談会の司会を通して、改めて技術に携わる者は技術以外（社会）をもっと知るべきだし知ることに意欲をもつべき、技術以外の分野の人は技術をもっと知っていただきたいし知ることに意欲をもっていただきたい、との思いを深めた。

本書出版のそもそものきっかけは、電気学会という工学系の学術団体の倫理委員会が、毎年開催している技術者倫理研修会にあった。研修会の企画は委員会下部に設けられた教育ワーキンググループが担当しており、そこでの佐藤清氏を中心とする議論が6人の碩学による2回にわたる研修会の実現につながり、その結果が本書として実った。執筆者の方々にはご自身の講演を踏まえつつも、ゼロから原稿を書き下ろしていただいた。感謝の念に堪えない。

森北出版の富井晃氏には、学会という井戸の中ではなく大海で理解を得るために何が必要かで大いなる助言を得たし、また数多い執筆者のためもあって遅れがちな執筆作業を辛抱強く待ち、励ましていただいた。氏の尽力なくして本書は実現しなかったのではないかと思う。改めて感謝する。

◆◆◆

大来雄二

「科学技術をめぐる二項対立的な難題を乗り越え、大多数の人々が納得できるような高次の合意形成に至ることはできるであろうか。それは、あるいは宗教的認識の次元においてのみ可能なことではないのか？　だが、いまを生きる現実の社会に、そして人間に、希望をもちたい……」福島第一原子力発電所の事故の後、そんなことばかり考える中で１０年の歳月が過ぎようとしています。

「科学技術と社会」をめぐる問題への向き合い方には、さまざまなアプローチがあり得ますが、社会の進む方向性を決定づける政治的・行政的な意思、技術導入の主体となる企業等組織における経営者と技術者の使命感・倫理意識、そして技術を受容する社会に生きる人々の感情と根底にある宗教的なる想いを、深く見つめ、開かれた議論を重ねることが大切だと信じています。それは、著しいスピードで進歩する科学技術を、人間の幸福に役立てるためにはどうしたらよいのか、という問いかけです。

そのような問題意識の下で、この本では、特に〈コミュニケーション〉と〈専門家の役割・責任〉の観点から、斯界の6名の碩学に深く考察していただきました。原子力発電や食品の安全、そして新たな感染症への対策などの具体的事例は、いずれも今日性がある重要課題です。

〈コミュニケーション〉については、第2部において、3名の先生方が、エネルギーと食品の生産・流通・消費の過程における安全の問題を中心に、豊富な体験を踏まえて深く掘り下げ、多様な視点から今日的課題を捉え直して下さいました。

桝本晃章先生は、エネルギー安全保障の一環として原子力発電を推進する電力事業の考えを、メディアや地域社会の人々に説明し、理解を求めてきた経験から、コミュニケーションの実践に伴う難しさを、誰よりも体感してきた方です。

唐木英明先生は、食品安全にかかわる分野で、学術面と政策面の双方に豊かな知見を有し、BSE問題の本質的な考察と安全対策への反省を踏まえ、「〈安全〉のための科学と〈安心〉のための対話」活動を実践されています。

平川秀幸先生は、科学技術社会論のトップランナーとして科学者の社会的責任に関する論考を深める中で、科学技術コミュニケーションのあり方を多面的に考察されてきました。特に技術が内包するリスクをめぐる人々の認識や態度、行動選択の背景を理解する方法論に新しさがあります。

〈専門家の役割・責任〉については、第3部において、科学技術がもたらす便益とリスクを評価・認識したうえで、いかに科学技術の研究開発と利用をマネジメントしていくシステムを構築するべきか、という根本問題に迫っていただきました。科学技術導入の結果として、不利益を被ることになってしまった人々の感情、そして救済の問題についても、眼差しが向けられています。

山口彰先生は、原子力発電に対する逆風が続く中で、原子力工学の専門家として、開かれた場で原子力安全のあり方について社会への問いかけを続けています。「目指すべき安全の姿」を社会が共有できるように、優れた平衡感覚から説明の明晰さも追求しています。

城山英明先生は、科学技術と政治が相互に影響し合うダイナミズムを独自の視座で見つめ、科学技術と公共政策にかかわる多くの優れた提言を行っておられますが、科学技術ガバナンスの理想的なあり方についても議論を先導し、世界に発信しています。

島薗進先生は、日本人の法意識の基底にある古から現代に至るまでの宗教観について、深奥な考察を行うとともに、さまざまな要因から社会的に弱い立場に置かれている人々と向き合い、グリーフケアの問題にも取り組まれています。

第4部に収録されている座談会では、6名の先生方が、異見への敬意を払いながら議論を重ね、討論テーマを多面的に考察して下さいました。豊かな議論の時間でした。

最後に、この本が生み出された源泉に触れたいと思います。1990年代に電力中央研究所を統率した故・依田直理事長は、メディアからのインタビューの中で、しばしば「テクノロジーアセスメントの重要性」、「技術の倫理性」について言及しました。同時期に、原子力委員としての職責も担いましたが、国内外の原子力発電懐疑派の人々とも、幾度となく政策のあり方と技術の潮流について語り合い、虚心に自己の主張する論拠を見つめ続けました。そして自らの認識を改新することに躊躇はありませんでした。

依田氏の謦咳に接した中で、特に「既成の価値や通説を鵜呑みにせず、自分の頭で考えて物事の本質に目を向け、真理の探究につなげよ。」という言葉が印象に残っています。現実に折り合いをつけて、あるべき姿のために闘わない姿勢を好みませんでした。

他者の意見を尊重する謙虚な心のあり方や、権威に阿らず〝常識を疑う〟姿勢は、必然的に技術が内包する危険性への知覚と自然に対する畏れの感情にもつながり、豊饒で人間味溢れる思想を形成していました。

対立点よりも議論の共通基盤を見出すことを大切にし、より高次の合意形成を目指す姿は、二項対立的な考えから自らを開放したいと願っているようでした。そして何より、市井の感情の中に生きようとしました。依田氏の教えなくして、この本に先立つ電気学会技術者倫理研修会の企画は生まれ得なかったと思います。

佐藤清

編　者

電気学会倫理委員会

コーディネーター　大来雄二・佐藤清

執筆者紹介（執筆順）

大来雄二　（おおきた・ゆうじ）東京大学工学部卒。米マサチューセッツ工科大学修士課程修了。東京芝浦電気（株）、日本技術者教育認定機構を経て、現在は金沢工業大学客員教授、NPO 法人次世代エンジニアリング・イニシアチブ理事長。多数の大学で技術者倫理科目を講義。

桝本晃章　（ますもと・てるあき）早稲田大学政治経済学部卒。東京電力入社後、日本経済研究センター派遣時には金森久雄氏に学ぶ。東京電力副社長、電気事業連合会広報部長、同副会長などを歴任。現在、(一社) 日本動力協会会長ほかを務める。

唐木英明　（からき・ひであき）農学博士、獣医師。東京大学農学部獣医学科卒。同大学助手、助教授、テキサス大学ダラス医学研究所研究員、東京大学教授を経て名誉教授。倉敷芸術科学大学学長、日本学術会議副会長、内閣府食品安全委員会専門委員などを歴任。

平川秀幸　（ひらかわ・ひでゆき）大阪大学 CO デザインセンター教授。博士(学術)。専門は科学技術社会論。著書『リスクコミュニケーションの現在―ポスト 3.11 のガバナンス』（放送大学教育振興会）、『科学は誰のものか』（NHK 出版）等。

山口　彰　（やまぐち・あきら）東京大学大学院工学系研究科教授。原子力工学を専門とし、システムのシミュレーション、安全性、リスク等を研究。福島原発事故では学術界の視点で事故状況や原因調査等について発信。国の委員としてエネルギー基本計画等の策定にも携わる。

城山英明　（しろやま・ひであき）東京大学大学院法学政治学研究科・公共政策大学院教授。行政学を専門とし、国際行政、科学技術と公共政策、政策形成プロセスについて研究。著書『国際行政論』（有斐閣)、『科学技術と政治』（ミネルヴァ書房）等。

島薗　進　（しまぞの・すすむ）上智大学大学院実践宗教学研究科教授、同グリーフケア研究所所長。東京大学卒。専門は宗教学、死生学。著書『日本人の死生観を読む』(朝日新聞出版)、『ともに悲嘆を生きる』(同)、『原発と放射線被ばくの科学と倫理』（専修大学出版局）等。

編集担当　富井　晃（森北出版）
編集責任　藤原祐介（森北出版）
組　　版　ビーエイト
印　　刷　日本制作センター
製　　本　ブックアート

鋼鉄と電子の塔
いかにして科学技術を語り、科学技術と
ともに歩むか

2020 年 12 月 4 日　第 1 版第 1 刷発行

編　者　電気学会倫理委員会
著　者　大来雄二・桝本晃章・唐木英明・平川秀幸・
山口彰・城山英明・島薗進
発行者　森北博巳
発行所　**森北出版株式会社**
東京都千代田区富士見 1－4－11（〒 102-0071）
電話 03-3265-8341 ／ FAX 03-3264-8709
https://www.morikita.co.jp/
日本書籍出版協会・自然科学書協会　会員

Printed in Japan／ISBN978-4-627-97371-8